能量守恒原理的
历史和根源

〔奥〕恩斯特·马赫 著

李醒民 译

商务印书馆
The Commercial Press

Ernst Mach

HISTORY AND ROOT OF THE PRINCIPLE

OF THE CONSERVATION OF ENERGY

Translated from the German and Annotated by Philip E. B. Jourdain,

Chigago: Open Court Publishing Co. , 1911.

本书根据开放法庭出版公司 1911 年英译本译出

恩斯特·马赫(Ernst Mach,1838～1916)

中 译 者 序

恩斯特·马赫:启蒙哲学家和自由思想家

无论从哪方面讲,恩斯特·马赫(Ernst Mach,1838～1916)都是一位声名远扬、注定不会被历史遗忘的人物。作为科学家,他在物理学、生理学和心理学诸领域都进行了精湛的研究,并取得了丰硕的成果。作为科学史家和科学哲学家,他发表了一系列影响深远的论著,提出了许多独到的见解。尽管人们完全可以对马赫思想的长短优劣做出各种评价,但是难以否认的是,马赫毕竟是一位冲破教条主义统治的启蒙哲学家和富有人文主义精神的自由思想家。马赫基本上是在奥匈帝国度过了他的一生的。马赫的青少年时代,是民族自决日益增长的时代,非日耳曼人确定统一语言的时代。周围的人们对自然界、政治、宗教和社会现状充满了怀疑、不受拘束、好加批判和执着地追根求源的精神。尤其是,马赫的双亲都是受过良好教育的人。父亲是一位自由思想者,母亲是一位具有艺术气质的妇女,他们都同情匈牙利革命,批评哈布斯堡王朝的独裁统治。马赫就是在这样一个充满自由主义、怀疑主义、理想主义和个人奋斗精神的家庭环境中成长起来的,难怪他从小就对基督教教义和宗教格言不感兴趣。这一切,在成年时又通过他的志趣相投的朋友和合作者的磨砺而得到加强。

1859 年,当马赫大学毕业时,适逢达尔文的《物种起源》发表。接着,费希纳的《心理物理学》又出版了。此前不久,亥姆霍兹已经把能量守恒的普遍原理置于物理学研究的中心。马赫没有像通常的自然科学家那样,致力于增加各不相关发现的信息的积累,他独立自主地选择适合于自己的道路和工作方法。他把着眼点放在物理学、生理学和心理学的交叉领域,并注意历史地、批判地研究它们,这导致他的关于知识本性的一系列观点的全面复兴。马赫就是这样从科学本身出发,经过科学史而达到科学哲学的。其结果,这位在各个知识领域无偏见地漫游而无意于做哲学家的马赫,竟然"在今天被认为是对于我们这一代最有影响的、最典型的上一代启蒙哲学家"[①]。

马赫在 18 世纪法国启蒙运动和启蒙思想家中找到他的精神发祥地。他在《力学及其发展的批判历史概论》中写道:"在 18 世纪的启蒙文献中,似乎第一次呈现出一个广泛的基础。人文科学、哲学科学、历史科学和自然科学在当时有了接触,并且彼此激励向着比较自由的方向前进。凡是经历过这种高翔和解放的人,哪怕只是部分地经验到的,通过这些文献都会对 18 世纪感觉到一种忧郁的怀旧之情。"[②]他盛赞法国启蒙运动的先驱伏尔泰,极力谴责莱辛对伏尔泰的攻击。但是,对启蒙运动的倾倒并没有使他把启

---

① R. von Mises, Ernst Mach and the Empiricist Conception of Science, R. S. Cohen and R. J. Seeger, *Ernst Mach: Physicist and Philosopher*, Humanities Press, New York, 1970.

② E. Mach, *The Science of Mechanics: A Critical and Historical Account of Its Development*, Trans. By T. J. McCormack, The Open Court Publishing Company, 6th ed., 1960, p. 560.

蒙思想和启蒙思想家加以偶像化,相反地,他接过了那些伟大的启蒙人物的批判精神,同他所处时代的误用概念做斗争,正像他们同他们所处时代的误用概念做斗争一样。在他与之做斗争的概念中间,碰巧有许多是 18 世纪启蒙者所宠爱的概念,这些概念大部属于机械唯物主义的哲学体系。

马赫的启蒙哲学和启蒙精神,在他 1883 年出版的《力学及其发展的批判历史概论》中得到了充分的体现。在这部历史批判著作中,马赫以深切的感情洞察了力学的成长,追踪了在这些领域中起开创作用的研究者的工作,一直到他们的内心深处。他分析了古典力学中流行已久的概念(不是依据它们的形而上学建筑,而是依据它们同观察的相互关系),指明了它们的正确性和适用性所依赖的条件,揭示了它们是怎样从经验所给予的东西中产生出来的。他以坚不可摧的怀疑主义和独立性,批判了古典力学的基本概念及其后人对它们的误用,批判了当时居统治地位的力学先验论和机械自然观。他通过剖析力学中的神学、泛灵论和神秘主义观点,表露了自己的内心思想和理智倾向。马赫的启蒙式的批判,唤醒了在教条式的顽固中昏睡的物理学家,为物理学的进一步发展扫清了思想障碍,从而发出了"世纪之交物理学革命行将到来的先声"。[①]

对于马赫的这种启蒙作用,爱因斯坦多次给以充分的肯定:"可以说上一世纪所有的物理学家,都把古典力学看作是全部物理

---

① 李醒民:《物理学革命行将到来的先声——马赫在〈力学及其发展的批判历史概论〉中对经典力学的批判》,北京:《自然辩证法通讯》,第 4 卷(1982),第 15～23 页。

学的,甚至是全部自然科学的牢固的和最终的基础,而且,他们还孜孜不倦地企图把这一时期逐渐取得全面胜利的麦克斯韦电磁理论也建立在力学的基础之上。甚至连麦克斯韦和赫兹,在他们的自觉思考中,都始终坚信力学是物理学的可靠基础,……是恩斯特·马赫,在他的《力学》中冲击了这种教条式的信念;当我是一个学生的时候,这本书正是在这方面给了我深刻的影响。"①甚至连马赫的激烈反对者普朗克也承认马赫学说对心灵的启蒙作用。

当然,启蒙哲学也有悲剧性的特征。正如弗兰克所指出的:它破坏了旧的概念体系,但是当它建造新体系时,它又为新的误用打下了基础。因为没有一种理论是没有辅助概念的,而这样的概念随着时间的推移必然会被误用。科学的进步处于永恒的循环之中,创造性的力量必然会创造出会枯萎的芽。它们在人类意识中被那些以破坏为标志的力量所破坏。尽管如此,要使科学不致僵化成一种新的教条或经院哲学,需要的正是这永不止息的启蒙精神。假如物理学变成宗教教义,马赫也会大声疾呼:"我不愿被人称为物理学家!"②

马赫是一位具有罕见的独立判断力的自由思想家。"他对观察和理解事物的毫不掩饰的喜悦心情,也就是对斯宾诺莎所谓的'对神的理智的爱'如此强烈地迸发出来,以致到了高龄,还以孩子般的好奇的眼睛窥视这个世界,使自己从理解其相互联系中求得

---

① 《爱因斯坦文集》第一卷,许良英等编译,北京:商务印书馆,1976 年第 1 版,第 9~10 页。

② P. Frank, *Modern Science and Its Philosophy*, Harvard University Press, Cambridge, 1949, p. 100.

乐趣，而没有什么别的要求。"①作为思想先驱者的马赫，他的智力
的原始创造物和无意识的构造，并没有假设一种外在的形式，它们
的形式就是它们本身。在马赫身上，孩子般的单纯与大人般的成
熟巧妙地结合在一起，普通人的心灵的思想进程是无法与之相比
的。普通人心灵的思想进程就像处在被催眠状态中的人的行为一
样，并非自愿地按照催眠者的话语在他心灵中所造成的想象而行
动。而马赫的心灵则处于高度的清醒和自由状态，其思想进程出
自自己的判断和选择，唯一的前提只是思想对事实的适应以及思
想对思想的相互适应，而不是对至高无上的权威和亘古不变的教
条的顺从。

　　马赫坚决否认科学理论是永远正确的绝对真理的神话，他认
为这些理论停留在未完成的，甚至永远也不会终止的经验上。康
德在提出"纯粹自然科学怎么是可能的"问题时，他并不是把物理
学和化学设想为历史的现实，而是在某种意义上把它们看作是柏
拉图的理念。对马赫来说，科学首先是现在给定的东西，是人类生
活的某种实际发现的形式。他从生物进化论出发，把科学的历史
看作人类进化史的一部分。康德认为，哥白尼学说是"一次"革命，
它在这个专业领域里清除了以前的错误并建立了一个永远正确的
绝对真理。马赫则明确指出，哥白尼学说也只不过是我们认识宇
宙的一个确定阶段，它可能由于吸收新事实而再次被修正，甚至会
被完全不同的领域的新发现所修正。科学的发展表明，马赫的见
解是正确的。马赫自认有自我启发的强烈欲望，他要做一个不受

---

① 《爱因斯坦文集》第一卷，第 83 页。

他所接触的专家们的成见所影响的物理学家,他更喜欢思想自由。

马赫在早期科学生涯中,对自然现象采取了彻底的机械论的解释,并且承认原子论,对物理现象采取了富于哲理性的原子论描述。但是不久,他在抛弃机械论的同时也激烈反对原子论——否认原子的实在性。在 20 世纪初,当原子的存在似乎有了确凿的实验证据时,马赫在 1914 年致友人的信中把他年轻时所写的《功的守恒定律的历史和根源》(1872 年)说成是“与事实不符,过时的和怪癖的”[①]。据推断,这很可能是指书中原子论的言论。尽管马赫在本体论的意义上是否承认原子论(他在方法论的意义上并不反对原子论)还是一个悬而未决的问题,不过从这件事上也可以看出,七十六岁高龄的马赫还保持着内心的自由,乐于承认错误,甚至把他年富力强时所持的观点作为“怪癖的”东西加以摈弃。这也显示出他作为一个人和科学家的高贵品质。

马赫不仅保持着内心的自由——这是大自然赋予每一个人的最珍贵的礼物,而且也大力呼吁创造外在的自由。在第一个社会主义国家建立前的十多年,马赫就曾提出,在受偏爱的未来的社会主义国家里,政府的“机构应限制在那些最重要的和最基本的方面,因为其余的个人的自由应该被保护。否则,即使是在一个社会民主主义(也就是社会主义)的国家,奴役也可能变得比在君主国家或寡头政治的国家里更为普遍和暴戾。”[②]回顾一下社会主义国家的历史,人们不难从马赫这段深中肯綮的言论中获得丰富的教益。

---

① G.沃尔特斯:《现象论、相对论和原子:为恩斯特·马赫的科学哲学恢复名誉》,兰征、田昆玉译,北京:《自然辩证法通讯》,第 10 卷(1988),第 2 期,第 16~26 页。

② 同上。

　　尽管马赫就科学认识论和方法论发表了大量的言论和著述，但他并没有自封为哲学家，也反对别人加封他为哲学家。他在《感觉的分析》(1886 年)里郑重声明："我不自命为哲学家，我只是要在物理学内采取这么一个观点：当我们的眼光转到其他科学领域的时候，也无须立即放弃它，因为归根结底，一切事物都必须成为一个整体。""我仅仅是自然科学家，而不是哲学家，我仅寻求一种稳固的、明确的立场，从这种立场出发，无论在心理生理学领域里，还是在物理学领域里，都能指出一条走得通的道路来，在这条道路上没有形而上学的烟雾能阻碍我们前进。我认为做到这一点，我的任务就算完成了。"①他在《认识和谬误》(1905 年)中再次强调："首先是不存在马赫哲学。至多只有科学方法论和认识心理学；这二者像所有的科学理论一样，是暂时的、不完善的尝试。对于借助外加配料由这些尝试能够编造出来的哲学，我概不负责，……超验的领地对我紧闭着大门。如果我坦率地供认，这个领地的居民根本不能激起我的好奇心，那么你们便可以估计出，在我和许多哲学家之间存在着宽阔的深渊。为此理由，我已经明确地宣布，我绝不是一个哲学家，而仅仅是一个科学家。不过，假若有人偶尔叫嚷着要把我列入哲学家的名单，那么我对此不负责任。当然，我也不想做一个盲目地把自己委托给纯粹哲学家指导的科学家，就像莫里哀的医生期望并要求他的病人所做的那样。"②

－－－－－－－－－－

　　① 马赫：《感觉的分析》，洪谦等译，北京：商务印书馆，1986 年第 2 版，第 24、38 页。

　　② E. N. Hiebert, "The Influence of Mach's Thought on Science", *Philosophia Naturalist*, Band 21, Heft 2～4, 1984.

　　马赫的郑重声明既不是轻视哲学,也不是什么伟大谦虚,而是极力设法在他自己的学说和传统的哲学学说之间划出一条鲜明的界限。纵观上述引语中的"哲学"一词,联系马赫的整个思想,人们不难发现,马赫是以两种方式定义哲学的。当他在反对的意义上提到哲学时,其"哲学"一词的含义是指形而上学,例如康德的关于物自体的学说,贝克莱的以神的存在为原因的学说,一切无法用经验证实或证伪的假定等等;相反地,当他在赞同的意义上提到哲学时,则是指批判地把各种特殊科学统一为一个整体的事业。历史已经证明,那些自己不要求成为哲学家的哲学家并不是最不成器的哲学家。正由于马赫以反对形而上学和统一科学为目标和己任,孜孜不倦地追求和探寻科学的起源、发展、结构和本性,而没有拘泥于具体的专业领域,因而他客观上成为我们时代最有影响的哲学家之一。为了对历史负责,人们还是把哲学家的头衔加在他的身上。不过,马赫不是纯粹的哲学家,而是作为科学家的哲学家即哲人科学家。在这方面马赫和科学家们的志趣相投:他们都不需要一种专门的哲学,而需要按照他们自己的观点,对科学方法和作为一切科学出发点的事实做出细致的分析。

　　弗兰克认为,马赫的主要哲学倾向可以用这样两个口号来描述:"科学的统一"(即经济的描述)和"清除形而上学"。这是很有道理的。的确,马赫曾一再申明他的这种意向:"一切形而上学的东西必须排除掉,它们是多余的,并且会破坏科学的经济性。""科学的任务不是别的,仅是对事实做概要的陈述。现在逐渐提倡的这个崭新见解,必然会指导我们排除掉一切无聊的、无法用经验检查的假定,主要是在康德意义下的形而上学的假定。如果在最广泛的、包括了物理的东西和心理的东西的研究范围里，人们坚持这种观点，就会将'感觉'看作是一切可能的物理经验和心理经验的共同'要素'，并且把这种看法作为我们最基本的和最明白的步骤，而这两种经验不过是这些要素的不同形式的结合，是这些要素之间的相互依存关系。这样一来，一系列妨碍科学研究前进的假问题便会立即销声匿迹了。"①在谈到科学统一时马赫说："在我的著作里，人们不难发现我重视真正的哲学的努力，即努力把许多知识的溪流引导到一条小河中去，……"②他还说："谁想把各种科学集合而成为一个整体，谁就必须寻找一种在所有科学领域内都能坚持的概念。如果我们将整个物质世界分解为一些要素，它们同时也是心理世界的要素，即一般称为感觉的要素，如果更进一步将一切科学领域内同类要素的结合、联系和相互依存关系的研究当作科学的唯一任务，那么我们就有理由期待在这种概念的基础上形成一种统一的、一元论的宇宙结构，同时摆脱恼人的、引起思想紊乱的二元论。"③

从这些言论中人们不难看出：第一，马赫的两个口号是有机地联系在一起的——要实现科学统一，就必须清除形而上学；只有清除形而上学，才能为统一科学的进程扫除障碍；马赫正是通过清除形而上学来实现科学的统一的，从而成为"科学统一运动"的思想先驱。第二，马赫之所以引入感觉要素，因为它对统一科学和清除形而上学是一种特别有用的手段。马赫所谓的"世界仅仅由我们

---

①　马赫：《感觉的分析》，第 iii、iv～v 页。

②　E. Mach, *The Science of Mechanics*, pp. xxiii～xxiv.

③　马赫：《感觉的分析》，第 240 页。

的感觉构成”,其真正用意并不在于宣布一条本体论的论断和关于实在世界的一种性质的陈述。如果死死抓住马赫用以达到目的的手段（“感觉要素”）不放,而忽视马赫哲学的真正意图——统一科学和清除形而上学,那就大大误解马赫的良苦用心了。

卡尔纳普从语言的角度分析了马赫的意图。在马赫看来,要使科学统一成为可能,只有把一切科学命题都表述为一些关于知觉（在这个词的最广泛的意义上）的复合的命题。凡是叙述关于我们观察的命题,总含有某一术语,例如“绿”、“热”等等作为谓词——卡尔纳普称这些术语为知觉术语。如果一个命题不能还原为谓语只包含知觉术语的命题,它就无法用经验来检验,它就是形而上学命题。因此,对马赫来说,“清除形而上学”这种说法就意味着要清除所有这样的句子,即不能划归为只含有知觉术语作为谓语的句子。因此,如果我们向科学要求一种关于我们经验的经济表象,即用一种统一的概念体系来表象,我们就必须承认可以划归为仅含有以知觉术语为谓语的命题。由此可见,马赫并不想提出一个关于世界是由什么组成的这样一个问题的陈述,他只是想指出,为了使科学有可能统一,科学命题应当怎样来构成。①

马赫坚信,他的统一科学的目标是能够实现的。这是因为,自然界是一个整体,人本身也是自然界的一部分,科学家的思想也不会在自然界之外,而且一切知识都是以经验为基础的,没有那个事实或真理能够与经验无关地建立起来。马赫一生在各个知识领域

---

① P. Frank, Ernst Mach and Union of Science, R. S. Cohen and R. J. Seeger, *Ernst Mach：Physicist and Philosopher*, Humanities Press, New York, 1970.

漫游,正是为统一科学而做的尝试和努力。他正是通过引入中性的"要素"说,将物理学、生理学和心理学结合为一个整体的。

值得指出的是,马赫也是一位富有人文主义精神的科学家。他追求真理,酷爱和平,主持正义,关心人类的前途和命运,投身于人类思想解放事业,具有高度的社会责任感。他站在马克思主义的社会民主党一边,反对教权主义,争取民众的民主权利和工人的合法权益。兴趣广泛、古道热肠的马赫,不仅力图使自然科学各学科得以统一,而且自然科学、人文科学也在他身上取得了和谐的一致。"在读马赫著作时,人们总会舒畅地领会到作者在并不费力地写下那些精辟的、恰如其分的话语时所一定感受到的那种愉快。但是他的著作之所以能吸引人一再去读,不仅是因为他的美好的风格给人以理智上的满足和愉快,而且还由于当他谈到人的一般的问题时,在字里行间总闪烁着一种善良的、慈爱的和怀着希望的喜悦的精神。"①

马赫一生对科学哲学和科学史怀有浓厚的兴趣。要知道,这二者不仅自身体现了人文主义精神,而且它们也是联系自然科学和人文科学的有效中介。马赫在科学哲学方面所采取的立场是为统一科学服务的,他对科学史的研究也超出了纯粹的专业价值。他说:"对科学发展的历史进行调查研究是很有必要的,以免在科学发展中所积存起来的原理变为一个一知半解的法定体系,或者更糟糕,变成偏见性的体系。对科学的发展的历史进行研究,通过揭示历史上存在着的大量的传统性的和偶然性的东西,不但能够

---

① 《爱因斯坦文集》第一卷,第89~90页。

加深我们对现今科学发展的了解,而且能给我们带来科学发展的新的可能性。"他强调指出:"(科学的)启发只有一种方法——学习历史!"[①]

在马赫的哲学中,既可以看到先前哲学家(如贝克莱、休谟、康德、孔德、内在论者)影响的痕迹,也可以发现时代科学精神(如达尔文的进化论、费希纳的心理物理学)所打上的烙印。但是,马赫观点的形成主要并不在于继承前人的思想,而是通过长期的自我探索形成的。他的思想既没有受既成的、僵硬的体系的束缚,又超出了一般科学家的视野,从而使他能够以独创性的贡献(如上面提及的关于科学的本质、目的和对象问题)站在他所处时代的制高点上。

像几乎所有作为科学家的哲学家一样,马赫既不热衷于构造庞大的哲学体系,也不迷恋于追求完备的世界观。马赫认为,到目前为止已经完成和有可能完成的一切科学和哲学,同日常生活中的朴素实在论相比,都是短暂的产物,而后者则是用作为千万年进化结果的日常语言表达的。

马赫埋怨他的观点常常被人误解。他说:"这些批评家还责难我没有将我的思想适当地表达出来,因为我仅仅应用了日常语言,因此人们看不出我所坚持的'体系'。按照这种说法,人们读哲学最主要是选择一个'体系',然后就可以在这个体系之内去思想和说话了。人们就是用这种方式,非常方便地拿一切流行的哲学观

---

① E. N. Hiebert, Ernst Mach, C. C. Gillispie ed. , *Dictionary of Scientific Biography*, Vol. Ⅷ, New York, 1970~1977.

点来揣度我的话,把我说成是唯心论者、贝克莱主义者,甚至是物质论者,如此等等,不胜枚举。关于这点,我相信自己是没有什么过失的。"[①]

无论怎么看,马赫的实证论观点都是十分明显的。但是,恰恰是这种观点,"从各方面来说,对于维也纳学派逻辑实证论的产生和发展都具有深远的历史意义。如果没有马赫'给科学以新的精神',没有马赫这样的实证论的经验论传统基础,维也纳学派的创始人如石里克、汉思、纽拉特和卡尔纳普是无从借助现代物理学、数学和逻辑的发展创立所谓新实证论即逻辑实证论或逻辑经验论的。这是一个历史的事实。用马赫自己的话来说,是'一般文化发展的产物'。无可讳言,马赫对这种一般文化的发展做出了卓越的贡献,……"。[②]洪谦教授的评论,正确地揭示了马赫实证论思想在哲学史乃至一般文化史上的历史地位。

人们对马赫实证论观点的某些误解,既有对一般实证论的牢固偏见的原因,也有仅仅抓住马赫片言只语而不及其余的原因。其实,正如伯格曼所指出的,尽管实证论者与实在论者在观念上分歧非常大,他们在实际上并无原则性的区别。实在论者确信我们周围的物理世界的存在,并且把我们的实验、观察和测量看作是发现这些外界性质的手段。实证论者在其纯粹的形式下,认为追究独立于我们观察而存在的世界的实在性是没有意义的,只承认通过感觉印象给予我们的世界,他们贬低或排除形而上学之类的探

---

① 马赫:《感觉的分析》,第38页。

② 洪谦:译后记,北京:《自然辩证法通讯》,第10卷(1988),第1期,第19页。

究,主张科学的目标是把我们的经验系统化,发现持久的特性和规律性,或者预言尚未完成的实验结果;认为一切断言只有在它们能够被证实的程度上,即是说在最终能够把它们还原为与感官知觉有关的陈述时,才是有意义的。由于这两个派别的科学信念和哲学信仰不同,因此其争论必定会长期存在下去,远远不会有一个最终的结果。但是,实在论者和实证论者主张的差别,感情上的成分多于逻辑上的成分。实际上,在科学实验室中,或者在解释记录数据的过程中,二者几乎都在做同样的事情。①

马赫的实证论对于摧毁旧的教条无疑是必不可少的锐利武器,但是它绝不是纯粹的"否定论",用马赫自己的话说,其破坏性仅仅是针对掺入我们概念中的多余的、会迷误人的东西。它也具有某种建设性,逻辑实证论的兴起,物理学革命的成果,都或多或少地打上了马赫思想的印记。连普朗克也认识到这一点,他说:"要给它(马赫的实证论)以充分的荣誉,因为面对着威胁性的怀疑论,它再次树立起一切自然研究的唯一合法的出发点,即感官知觉。"②

毋庸讳言,由于马赫主要的任务是为自然科学的经验方面辩护,反对先验论和绝对论的未经证明的主张,因而不可避免地忽视了科学结构中的数学和逻辑方面。排除同经验没有对应概念的科

---

① P. G. Bergmann, Ernst Mach and Contemporary Physics, R. S. Cohen and R. J. Seeger, *Ernst Mach: Physicist and Philosopher*, Humanities Press, New York, 1970.

② P. Frank, The Importance of Ernst Mach's Philosophy of Science for Our Times, R. S. Cohen and R. J. Seeger, *Ernst Mach: Physicist and Philosopher*, Humanities Press, New York, 1970.

学,在理论中只应使用那些从观察得到的现象的陈述中推断出的命题,马赫的这个总目标似乎也显得狭隘,因而难以适应高度抽象性的现代理论科学的发展。但是,马赫在这里也没有把事情推到极端。对于科学框架而言必不可少的两个组成部分即事实和思想,他一方面承认感性事实是科学家用思想适应经验的一切活动的出发点和目的,另一方面又强调思想具有头等的重要性,肯定思想的力量在我们身上带来的根本变革,并认为自然科学家的直观表象与概念思维之间的鸿沟并不是很大的、不可跨越的。他甚至提倡超越实际可能的界线、达到在逻辑上不可能的对象的想象。马赫本人就具有诗人的想象力,他认为诗人的梦想不仅是一切心理发现的开端,而且是经验本身即作为事实存在的东西的完善调整的源泉,从而也是假设和理论形成的源泉。

　　还在马赫在世时,他的观点就被人指责为唯心论或唯我论。对此,马赫本人的态度是鲜明的:"造成这种误解的部分原因,无疑在于我的观点过去是从一个唯心主义阶段发展出来的,这个阶段现在还在我的表达方式方面有痕迹,这些痕迹甚至在将来也不会完全磨灭。因为在我看来,由唯心主义到达我的观点的途径是最短的和最自然的。"尽管如此,他还是对这种误解"再三抗议",反对把他的观点和贝克莱的观点"等同起来"。他对"唯我论是唯一的彻底的观点"这种说法感到"惊奇",认为唯我论只适于"沉思默想、梦中度日的行乞僧",而不适于"严肃思维、积极活动的人"。①

　　马赫的态度获得了一些科学家的理解。奥斯特瓦尔德写道:

---

　　①　马赫:《感觉的分析》,第278～279、276页。

"像恩斯特·马赫这样一位明晰的、深谋远虑的思想家,竟被看作是空想家,这无法使人信服,一个了解如何做出如此完善的实验工作的人怎么会在哲学上讲一些令人生疑的昏话呢?"[1]爱因斯坦在提及马赫的哲学研究时也说:"他把一切科学都理解为一种把作为元素的单个经验排列起来的事业,这种作为元素的单个经验他称之为'感觉'。这个词使得那些未仔细研究过他的著作的人,常常把这位有素养的、慎重的思想家,看作是一个哲学上的唯心论和唯我论者。"[2]

　　爱因斯坦的辩护是有一定的道理的。的确,马赫的研究同世界究竟是由感觉还是由物质组成的这类问题毫不相干。这只不过是传统哲学所惯用的提问题的典型方式,而马赫大力反对的正是这种提问题的方式。在马赫看来,既然感觉和感觉的复合能够是并且必须是关于外在世界的那些陈述的唯一对象,那就根本无须假定在感觉之后潜在的、不可知的实在,这样他就把康德的物自体抛弃了。马赫认为,他的观点是排除一切形而上学问题的,不论这些问题是此刻不能解决的或是根本永远无意义的。他觉得拒绝回答这类无意义的问题,绝不是无所作为,而是科学家面对大量可以研究的事物所能采取的唯一合理的态度。

　　马赫既拒绝唯心论,也拒绝物质论,但这并不意味着他试图在它们之间采取中间立场。在他看来,这两大派别都是形而上学的命题体系,都不是科学理论,因为它们无法用经验证实或证伪。想

　　① 　P. Frank, Ernst Mach and Union of Science, R. S. Cohen and R. J. Seeger, *Ernst Mach*: *Physicist and Philosopher*, Humanities Press, New York, 1970.

　　② 　《爱因斯坦文集》第一卷,第 89 页。

用科学成就来支持任何一方的企图，从一开始就是注定要失败的。马赫发现："哲学唯灵论者往往感到，要使自己的那种用精神创造出来的物体世界具有其应有的坚实性是很困难的；同时物质论者又感到，要使物体世界有感觉，也不知所措。"[①]为了克服精神与物质、自我与世界的尖锐对立，把认识论提高到新的科学实践的高度，马赫才把要素（感觉）置于第一性的地位（而不是把自我或物质）。正是通过感觉，物体世界变就了我们能够抓得到的东西，变成活生生的、为人的世界。就此而言，自然科学和人文科学不存在原则性的差别。问题恰恰在于，要避免走这个危险的极端：唯心论在苍白的唯灵论中消失，物质论的生气在机械论中枯竭。

把马赫的哲学说成是唯心论或唯我论，这就无法解释，它怎么十分容易地就蜕变为物理主义呢？在维也纳学派中，很快就从卡尔纳普和石里克使用的现象语言，转变到纽拉特主张的物理语言了，而物理主义所使用的语言是非常接近于物质论的。更何况，马赫认为科学家的思想也是自然界的一部分，这比单纯的物理主义还要彻底得多。在这里，我无意于把马赫划入物质论的阵营。对于作为科学家的哲学家或哲人科学家而言，他们的哲学是作为科学研究的副产品而开始的，他们的思想火花往往是在科学研究中突发的，但实际上则是对科学中的带有普遍性和根本性的问题长期沉思的结果，他们是被问题的逻辑指引获得这些前所未有的结果的。他们在实践中并不愿意背负着现成的认识论体系去寻求答案，也无意于把针对具体问题找到的答案编织成一个庞大的哲学

---

① 马赫:《感觉的分析》,第11页。

体系,我们又何必把他们强行纳入普罗克拉斯提斯(希腊神话中的强盗)的床上呢?

其实,马赫并不想排除日常生活中使用的粗糙的物质概念,也没有否认朴素实在论,他认为这二者都是自然地、本能地形成的。对于后者,他说:"假如朴素实在论可以称为普通人的哲学观点,那么,这个观点就有得到最高评价的权利。这个观点不假人的刻意的助力,业已发生在无限久远的年代;它是自然的产物,并且由自然界保持着。虽然承认哲学的每一进展,甚至每一错误,在生物学方面都有道理,但哲学做出的一切贡献,与这个观点相比,只是微不足道的瞬息即逝的人工产物。事实上,我们看到每个思想家,每个哲学家,一到实际需要驱使他离开自己的片面理智工作时,都立刻回到了这个普通的观点上。"①

在科学实践中,马赫始终坚持,每一个促使我们调整和改变我们思想的动机,都来自新的、反常的和不理解的事物,它使有较强思考能力的人立即使思想与观察到的现象相适应。他还认为,最令人愉快的思想并不是来自天国,而是从已有的观念中产生的。这就是思想对事实的适应和思想彼此之间的适应。马赫断定,科学无法想象出这样一种原理,它能使一个既没有经验也没有关于这个世界知识的人构造出一个经验世界来。马赫的这些见解,并没有隐含唯心论或唯我论的意思。

马赫的哲学观点从它们问世一直至今天,不断有人提出批评。列宁在《唯物主义与经验批判主义》(1908年)中的批评,其真正目

---

① 马赫:《感觉的分析》,第29页。

的是针对马赫的俄国信徒的,也即是布尔什维克的政敌的。弗里德里希·阿德勒1909年写信告诉马赫说:"不懂这个问题的人在该书中所能够发现的所有论据都结合得很巧妙。列宁过去并不关心哲学,而现在花了一年时间研究哲学,……当然他没有时间详细思考解决的方法。他实际上认为要素是骗人的把戏。……人们不可能在他的书中找到任何必须认真对待的论据。"对于列宁的批评,马赫认为与他感兴趣的问题相距甚远,因而没有答辩。但是列宁的毁灭性批判却在社会主义国家宣布了马赫哲学的死刑,因为人们此后很难自由地、不带偏见地评论马赫。"要是列宁本人还活着,看到这种情况,他很可能会对自己的书由偶然的政治论战著作预料不到地变成了声望极高的认识论经典著作而感到惊愕。"①

早年对马赫思想十分推崇的爱因斯坦,在1917年春致贝索的信中对马赫哲学表示不满,并在1922年4月访问法国时对马赫哲学进行了公开批判。爱因斯坦的批评主要是:①马赫或多或少地相信科学仅仅是对经验材料的整理,他没有辨认出在概念形成中自由构造的元素。②马赫哲学不可能产生出任何有生命的东西,而只能扑灭有害的虫豸。③马赫的思维经济有点太浅薄、太主观。④马赫不仅把感觉作为必须加以研究的唯一材料,而且把感觉本身当作建造实在世界的砖块,从而否定了物理实在这个概念。⑤马赫是一位高明的力学家,拙劣的哲学家。②

在本文,我们没有足够的篇幅详细分析爱因斯坦的批评,在这

---

① G.沃尔特斯:现象论、相对论和原子:为恩斯特·马赫的科学哲学恢复名誉。

② 《爱因斯坦文集》第一卷,第106、438、169、212、214、438页。

里仅想简要说明。批评①是正确的;批评②有部分道理,但把话讲绝了;至于批评③,我在一篇论文①中已作了分析;批评④有误解的成分;批评⑤是感情的成分多于理智的成分。关于批评⑤尚须作如下说明:在马赫1913年7月为《物理光学原理》写的序中,马赫断然否认他是相对论的先驱,并认为相对论变得越来越教条了。该书迟至马赫逝世五年后(1921年)才出版,而在此之前,爱因斯坦一直以为马赫是支持相对论的。爱因斯坦显然认为被马赫作弄了,其愤懑之情是可想而知的,从而在次年发表了关于马赫是"拙劣的哲学家"的偏激谈话。最近,国外有人提出,《物理光学原理》的序是马赫的儿子伪造的。② 当然,这还不能算是定论。

马赫哲学有缺点,有矛盾,有站不住脚的地方。但是,正如石里克所说:"没有任何批评会有损于马赫作为伟大思想家的声誉:心平气和的公正态度,没有偏见和独立自主,他就以这些原则作为出发点来研究他的问题,他不可动摇地热爱真理和明晰性,这些品德在任何时候都能使哲学家做出解放人类思想的事业。"③

李醒民

(原载成都:《大自然探索》,第9卷(1990),第2期,第118~124页)

① 李醒民:略论马赫的"思维经济"原理,北京:《自然辩证法研究》,第4卷(1988),第3期,第56~63页。
② G. 沃尔特斯:现象论、相对论和原子:为恩斯特·马赫的科学哲学恢复名誉。
③ M. 石里克:哲学家马赫,洪谦译,北京:《自然辩证法通讯》,第10卷(1988),第1期,第16~18页。

目　　录

英 译 者 序

题名为 *Die Geschichte und die Wurzel des Satzes von der Erhaltung der Arbeit*[①], *Vortrag gehalten in der k. böhm. Gesllschaft der Wissenchaften am 15. Nov. 1871 von E. Mach, Professor der Physik an der Universität Prag*（布拉格大学物理学教授 E. 马赫 1871 年 11 月 15 日在 K. 伯姆科学史学会所做的讲演《功守恒定理的历史和根源》）的五十八页的小册子于 1872 年在布拉格出版，第二版（没有改变）于 1909 年在莱比锡（巴尔特）出版。马赫本人撰写的序言和几个注释添加到第二版（pp. iv, 60）。本序言用简单易懂的语言表达如下。

科学变得对科学学生和知识论学生二者具有如此重大的意义，即使完全撇开必定与马赫看待科学的方式的第一个梗概有联系的兴趣，这本小册子对透彻理解马赫的工作也是须臾不可或缺的。首先，它重印了马赫关于质量定义的文章（1868 年），该文也许是他对力学的最重要的贡献；其次，对能量守恒原理的逻辑根源

---

① 在这个译本的题名中，*Arbeit*（功）被翻译为 *Energy*（能量），因为在目前这个词比较老旧的和较本义的等价词 *Work*（功）表达了一个更使人满意的观念。另一方面，在正文中，将总是使用词 *Work*，因为它更密切地与这篇论著第一版的时期的科学术语符合。

的讨论比他后来的任何出版物都充分。①

6　　　　在这里，给出讨论马赫的科学观点的一些参考书目是恰当的。

1902 年在哥本哈根大学举行的关于现代哲学家的哈拉尔德·赫夫丁（Harald Höffding）讲座中，给出了关于马赫各种著作的相当不错的普遍记述；②另一个具有敌对批评的记述是由 T. 凯斯（T. Case）在他的文章"形而上学"（Metaphysics）中给出的，该文在构成《不列颠百科全书》（*Encyclopaedia Britannica*）第十版的新卷中。③ 对马赫立场的往往有价值的批评，必定可以在《感觉的分析》（*Analyse der Empfindungen*）的第一版和第二版的评论中找到，这些评论是由 C. 斯通普夫（C. Stumpf）④、埃尔萨斯（Elsas）⑤、吕西安·阿雷阿（Lucien Arréat）⑥和 R. 博伊斯·吉布森

---

①　例如，在这篇论文中，非常充分地讨论了与事件的决定的唯一性相关的疑问；正是这篇论文，形成了佩佐尔特（Petzoldt）的所包含的观点发展的出发点。

在马赫的《大众科学讲演》（*Popular Scientific Lectures*，3rd.，Open Court Publishing Co.，1898，pp. 137～185）中的论文"论能量守恒原理"，虽然在许多方面像 1872 年的小册子，但是它几乎不像它所具有的那样完备——汉斯·克莱因彼得（Hans Kleinpeter）所做的评论（*Die Erkenntnistheorie der Naturforschung der Gegenwart*，Leipzig，1905，p. 150），因此他指出需要重印这本小册子。

②　在 F. 本迪克森（F. Bendixen）翻译的这些讲演的德译本中，其书名是《现代哲学家》（*Moderne Philosophen*，Leipzig，1905），与马赫有关的部分在第 104～110 页。专注于麦克斯韦（Maxwell）、马赫、赫兹（Hertz）、奥斯特瓦尔德（Ostwald）和阿芬那留斯（Avenarius）的小节在第 97～127 页。

③　Vol. XXX，pp. 665～667. Cf. also the Mach's work in Ludwig Boltzmann's article "Models" (ibid.，pp. 788～790).

④　*Deutsche Litteraturzeitung*，Nr. 27，3. Juli，1886.

⑤　*Philosophische Monatshefte*，Vol. XXIII，p. 207.

⑥　*Revue Philosophique*，1887，p. 80.

(R. Boyce Gibson)[1]撰写的。

R. B. 吉布森[2]谈到："马赫总是乐意把宽宏大量的承认给予任何成功改进他自己的尝试的人。""他更渴望准备就绪,把事实摆在理论之前。与发现真理的这种渴望联系在一起的,是在找到它时发展和应用它的相应的热忱。"

然而,哲学家看来几乎不可能公正地评判马赫的工作。实际上,马赫本人屡次否认给予他哲学家的称号;可是,在某种意义上,任何人只要形成一种普遍的立场,比如说形成由以看待科学的立场,他就是哲学家。[3] 必须承认,马赫论著的最不令人满意的部分,是他在其中讨论数学概念的部分,诸如数和连续统;是他在其中意指,逻辑必然建立在心理学基础上的部分;但是,这样的事情与他的有价值的工作的较大部分没有关联。

本译本有三组注释。第一组由作者添加到初版的注释组成;

---

[1]　*Mind*, N. S. Vol. X, pp. 246~264 (No. 38, April, 1901).

[2]　Ibid., p. 253.

[3]　通过在 1904 年的《数学进展年鉴》(*Jahrbuch über die Fortschritte der Mathematik* for 1904, Bd. XXXV, p. 78)的参考文献,我获悉在俄国, D. 维克托罗夫(D. Wiktorov)在期刊发表了关于马赫哲学观点的阐述,该期刊的名字翻译后是《哲学和心理学问题》(*Questions of Philosophy and Psychology*, No. 73 (1904, No. 3), pp. 228~313)。

J. 鲍曼(J. Baumann)(*Archiv für systematische Philos.*, IV, 1897~1898, Heft 1, October, 1897)给出了"马赫哲学"的叙述。也可参见赫尼希斯瓦尔德(Hönigswald)的 *Zur kritik der Mach'schen Philosophie*, Berlin, 1903; Mach, *Erkenntnis und Irrtum*, 1906, pp. vii~ix. 阿多尔福·莱维(Adolfo levi)("Il fenomenismo empristico," *Riv. ai Fil.*, T. I., 1909)分析了穆勒(Mill)、阿芬那留斯、马赫和奥斯特瓦尔德的知识论。

8　第二组由作者添加到 1909 年的重印本的注释组成；①第三组由译者添加，它包含作者和其他人后来与功守恒原理的历史和根源相关的主题的工作的记述。

　　在仔细阅读我的手稿时，马赫教授可谓和颜悦色；因此，我相信，在眼下的译本中，一点也没有失去原来版本的新颖性、说服力和幽默感。

菲利普·E. B. 乔丹（Philip E. B. Jourdain）

1909 年 11 月于英国多色特郡

The Manor House

Broadwindsor

Beaminster，Dorset

---

①　除了在初版中的一个矫正的印刷错误，这些注释都得以翻译。

第二版作者序

在这本 1872 年出版的小册子中，我首次尝试针对作为一个整体的科学，恰当地阐述我的建立在感觉心理学基础上的认识论观点，并就它涉及物理学而言较为清晰地表达它。在其中，远离关于物理学的每一个**形而上学的**观点和每一个片面的**力学的**观点；并建议按照思维经济原理整理事实——整理由感觉查明的东西。它指出，研究现象的相互依赖是自然科学的目的。于是，与此相关，关于因果性、空间和时间的枝节话看来可能绝不是离题千里和仓促草率的；不过，它们在我后来的论著中得以发展，也许并没有如此远离今日的科学。在此处，也可以发现 1883 年的《力学》[①]和 1886 年的《感觉的分析》[②]的基本观念，这在 1896 年的《热理论》[③] 10

---

① *Die Mechanik in Ihrer Entwicklung Historisch-Kritisch Dargestellt*，Leipzig，five editions from 1883 to 1904；T. J. McCormack 的英译本的书名是 *Science of Mechanics*，Open Court Publishing Co.，Chicago，three editions from 1893 to 1907（今后就《力学》引用的是这个第三版）。

② *Beiträge zur Analyse der Empfindungen*，Jena，1886；C. M. Williams 的英译本的书名是 *Contributions to the Analysis of the Sensations*，Open Court Publishing Co.，Chicago，1897. 大加扩充了的德文第二版于 1900 年在耶拿出版，书名是 *Analyse der Empfindungen und das Verhältnis des Physischen zum Psychischen*；第五版在 1906 年出版。

③ *Die Prinzipien der Wärmelehre Historisch-Kritisch entwichelt*，Leibzig，1896；2nd ed.，1900. 第二版今后作为《热理论》提及。

和 1905 年的详细处理物理学的认识论问题的《认识与谬误》[①]中，主要是针对生物学家而讲的。

肯定正确的是，作为对反复要求的回应，这本在十二年后重印的著作应该以**没有改变的**形式问世。至于我的小书的直接结果，我不会抱乐观的期望；实际上，在多年前，波根多夫（Poggendorff）就拒绝在他的《年鉴》（Annalen）上刊登我的论质量定义的短文。当马克斯·普朗克（Max Planck）在我写作之后十五年就能量守恒撰写论著时，[②]他作出了指向反对我的进展之一的评论；要是没有这个评论，人们也许会设想，他根本未看我的小册子。但是，对我来说，我的希望之光是：当基尔霍夫（Kirchhoff）[③]在 1874 年宣称，力学的问题是对运动的完备的和最简单的摹写之时，这几乎与对事实的经济描述符合。黑尔姆（Helm）尊重思维经济原理和我关于广义的能量学科学小专题论文的倾向。最后，H. 赫兹虽然没有公开表示他的同情，但是考虑到赫兹是力学物理学（mechanical physics）和原子物理学的支持者和康德的追随者，他的 1894 年的《力学》的表达[④]却尽可能精确地与我自己的表达[⑤]相符。因而，那

---

① *Erkenntnis und Irrtum. Skizzen zur Psychologie der Forschung*, Leibzig, 1905; 2nd ed., 1906.

② *Das prinsip der Erhaltung der Energie*, Leibzig, 1887; 2nd ed., 1909. 对马赫 1872 年的著作的提及在第二版第 156 页。

③ *Vorlesungen über mathematische Physik*, Bd. I, Mechanik, Leipzig, 1874; 4th ed., 1897.

④ *Die Ptinzipe der Mechanik*, Vol. III of Hertz's *Ges. Werke*, Leipzig, 1894; Eng. Trans. By D. E. Jones and J. T. Walley, Under title *The Principles of Mechanics*, London, 1899.

⑤ On Hertz's Mechanic, see Mach, *Mechanics*, pp. 548~555.

些其立场接近我的人,并不是最不幸的人。但是,即使在目前,在我几乎达到人的天年的界限时,由于我能够屈指清点其立场或多或少与我自己的立场接近的人,诸如斯特洛(Stallo)①、W. K. 克利福德(W. K. Clifford)、J. 波佩尔(J. Popper)、W. 奥斯特瓦尔德(W. Ostwald)、K. 皮尔逊(K. Pearson)②、F. 沃尔德(F. Wald)和 P. 迪昂(P. Duhem),而没有提到年轻一代人,就此而论显而易见,我们与一个十分小的少数派有关。于是,我不能分享像在 M. 普朗克③那样的表达背后似乎存在的理解,即正统的物理学在它保卫时需要这样强有力的话语。我很关心,有或没有这样的话语,我尝试激起简单的、自然的、事实上不可避免的思考,将只能在很晚的时候才能出现。 12

"并非每一个物理学家都是认识论者,并非每一个人必须是或能够是认识论者。专门研究要求完整的人,因而也要求知识论。"④这应当是我对一位受到公正赞美而现在却去世的物理学家过分朴素的要求的回答,我应该用我的感觉的分析等待这一点,直到我洞晓大脑中原子的路线,此时一切都会很容易地从这一路线引起。在工作假设指引下思维的物理学家,通常通过把理论与观察加以准确地比较,而充分地矫正他的概念,他们没有机会为知识

---

① *The Concepts and Theories of Modern Physics*, 4th ed., London, 1900.

② *The Grammar of Sciences*, London, 1892; 2nd ed., 1900. 在由皮尔逊完善的 W. K. 克利福德的《精密科学的常识》(*The Common Sense of the Exact Sciences*, London, 1885, 5th ed., 1907)中,关于运动定律的记述与马赫的观点一致;但是,这一陈述并非应归于克利福德,而应归于皮尔逊,皮尔逊(参见刚才提到的著作的第 viii~ix 页)的观点是独立地发展的。

③ *Die Einheit des physicalischen Weltbildes*, leipzig, 1909, pp. 31~38.

④ *Analyse der Empfindungen*, 5th ed., p. 255.

心理学而烦恼自己。但是,不管谁希望批判知识论或就知识论教育其他人,就必须洞悉或深思它。我无法承认我的物理学批评家做到了这一点,我在适当的地方将毫无困难地表明它。

E. 马赫

维也纳　1909 年 5 月

一、引言

当一个人想起他从他母亲的教导那里获得的头一个世界观点（view of world）时，他确实会记得当时显露在他面前的事物是多么颠倒、多么奇怪。例如，我追忆了尤其在两个现象上我觉得是异常困难的事实。首先，我不理解，人们怎么希望让他们自己受一个国王的统治，即便是片刻的统治。第二个困难是，莱辛（Lessing）把它如此巧妙地放进一首机智的短诗内，它可以大略表达为：

> 我常常想的一件事情是古怪的，
> 杰克对特德说："这就是，
> 我们星球上富有的人，
> 仅仅拥有财富。"①

在这两个问题上，我母亲多次尝试帮助我，结果劳而无功，这必定导致她形成一种印象——我的智力十分贫乏。

---

① Es ist doch sonderbar bestellt,
Sprach Hänschen Schlau zu Vetter Fritzen,
"Dass nur die Reichen in der Welt
Das meiste Geld besitzen."

　　每一个人都会回忆起他自己青年时的类似经验。有两种使自己与实际调和的方式：或者人们逐渐习惯于迷惑不解，它们不再烦扰人们；或者人们学会借助历史理解它们，并从那个视点冷静地考虑它们。

　　当我们开始求学或继续高级研究时，当往往花费几千年的思维劳动的命题作为自明的东西在我们面前再现时，十分类似的困难便准备出其不意地袭击我们。在这里也只有一种启发方式：历史研究（historical studies）。

　　如果我除去我对康德（Kant）和赫巴特（Herbart）的研读，那么完全独立于其他人的影响而产生的下述考虑，建立在历史研究的基础之上。在与我的能干的同事讨论这些思想时，我照例不能达到一致的理由，我的同行总是倾向于在我的某种混乱中寻找这样"奇怪的"观点的根据的理由，毋庸置疑的是：历史研究没有像它们应该受到培育的那样普遍地得以培育。①

　　无论情况可能如何，正像出自我较早时期的论著的注释和引文表明的，这些思想不属于非常近的日期，而是自1862年以来我即掌握了，尽管不适合与我的同行讨论——至少我不久便尝试这样的讨论。除了利用其他著作的时机和在杂志撰写的一些短评外，我没有就这些思想发表什么东西；虽然物理学家几乎没有读过它们，但是它们也许足以证明我的独立自主。

　　但是现在，由于一些有名望的研究者开始进入这个领域，我也

① 事实上，我仅仅知道一个人即约瑟夫·波佩尔（Josef Popper），我与他讨论了在这里阐述的观点，而没有激起极其可怕的反对。实际上，波佩尔和我在许多物理学论点上相互独立地达到类似的观点，我在这里以提及这个事实为乐。

许也可以把我的微薄贡献奉献给使我们关注的问题的类别。我们习惯于称概念是形而上学的，倘若我们忘记了如何达到它们的话。如果人们总是注意他们经过的道路，那么他们从来也不会失去自己的立足点，或者与事实发生冲突。这本小册子仅仅包含对属于自然科学和历史二者的一些事实的坦率沉思。

也许下面的路线也可以显示历史方法在教学中的价值。实际上，即使人们从历史学到的无非是观点的可变性，那么它也会是非常珍贵的。当然，赫拉克利特（Heraclitus）的言语比其他任何东西都更为真实："人不能两次踏进同一溪流。"试图借助教科书固定美好瞬间的尝试总是要失败的。于是，让我们及早变得习惯于科学是未完成的、可变化的事实。

无论谁仅仅了解一种观点或观点的一种形式，他都不相信，另一种观点始终处在它应有的位置，或者另一种观点将在任何时候接替它；他从不怀疑，也不检验。如果我们像我们经常做的那样颂扬所谓的古典教育的价值，那么我们几乎不能严肃地坚持，这是由八年名词变格和动词词形变化的训练引起的。我们宁可相信，它不能损害我们了解另一个卓越民族的观点，因此我们能够随时把我们自己放在与培育我们的位置不同的位置上。古典教育的本质是历史教育。 18

但是，假如这是正确的，我们便有许多关于古典教育的过分狭隘的观念。并非只有希腊人与我们有关系，而且以往所有有教养的人都与我们有关系。实际上，对于自然研究者来说，存在一种特殊的古典教育，这在于认识他的科学的历史发展。

让我们不要松开历史引导之手。历史造就了一切；历史能够

改变一切。但是,首先让我们从历史期待一切,我对我的历史研究
(historical investigation)这样抱有希望,希望它不会是过分冗长
乏味的。

二、论功守恒定理的历史

在近代科学中,给予能量守恒定律的地位是如此显著,以致我将尝试回答的关于它的正确性的问题仿佛自行突出它自己。我容许我本人在大字标题中把该定律称为功守恒定律,因为它在我看来好像是所有人都理解的、防止错误观念的名称。让我们回想伟大的法拉第(Faraday)关于"力守恒定律"的充满误解的考虑,以及众所周知的相当晦涩难懂的争论。人们之所以竟然说"力守恒定律",只是因为当时人们与迈尔(J. R. Mayer)一起把欧拉(Euler)所谓"effort"(辛勤努力)和彭赛列(Poncelet)所谓"travail"(艰苦劳动)的东西称为"力"(force)。当然,人们无法发现迈尔身上的过失,他没有从学术界获得他的概念,由于他使用他自己的特殊名称。

通常,功守恒定理以两种形式表达:

1. $\dfrac{1}{2} \sum mv^2 - \dfrac{1}{2} \sum mv_0^2 = \int \sum (Xdx + Ydy + Zdz)$;

或者

2. 不可能从无创造功,或不可能建造永动机。

20　　通常把这个定理视为力学世界观之花,是自然科学的最高级的、最普遍的定理,许多世纪的思想都通向它。

现在,我将尝试表明:

第一,这个定理在第二种形式中决不像人们倾向于相信的那样新颖;实际上,几乎所有著名的研究者都或多或少地混淆了它的观念;自斯蒂文(Stevinus)和伽利略(Galileo)时代以来,它将作为物理科学最重要的扩展的基础。

第二,这个定理决不与力学世界观一致或属于力学世界观,但是它的逻辑根源比力学世界观还要无比深邃地扎根于我们的思想。

首先,就我的主张的第一部分而论,必须从最初的源泉引出证据。现在,虽然拉格朗日(Lagrange)在他的《分析力学》[1]各节驰名的历史导论中反复提到我们的定理的发展,但是人们立刻发现,如果人们不厌其烦地查阅原文本身,那么这个定理在它的阐述中并没有起它事实上所起的作用。

现在,除了定律之外,尽管下述事实与拉格朗日提到的事实相符,但是我们从**全文**给出的重要段落得到与在拉格朗日的著作中发现的观点不同的观点。

21　　让我仅仅强调一些要点:

西蒙·斯蒂文在他 1605 年的名著《数学札记》(*Hypom-*

---

① 这部著作的第一版(第一卷)1788 年在巴黎出版,书名是 *Méchanique analitique*,第二版 1811～1813 年(第二卷)在巴黎出版,第三版(J. Bertrand 版本)1853 年出版,第四版(*Œuvres* XI, XII, G. Darboux 版本)1892 年出版。

nemata *mathematica*）第四卷《论静力学》（*De statica*）[1]中，处理了物体在斜面上的平衡。

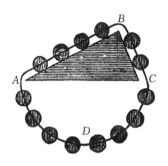

图 1

在一边 AC 是水平的三棱柱 ABC 上，悬挂着环形的绳或链，把相同重量的 14 个球以相等的距离连接到绳或链上，如图 1 中的截面图所示。既然我们能够设想把绳 ABC 下面对称的部分去除，斯蒂文得出结论，在 AB 上的 4 个球与 BC 上的 2 个球保持平衡。如果平衡被扰乱片刻，那么它将永不存在；绳将按同一方向永远保持环形运动——我们就会拥有永恒运动。他说：

　　但是，如果发生这种情况，那么我们的球排或球环就会再次进入它们的原初位置；并且出于相同原因，左边的 8 个球再次重于右边的 6 个球，因此那 8 个球会第二次下沉，这 6 个球

① Leiden，1605，p. 34. 按照莫里茨·康托尔（Moritz Cantor, Vorlesungen über Geschichte der Mathematik, II, 2. Aufl., Leipzig, 1900, p. 572）的观点，这本著作首次在 1586 年出版，Snellius 翻译的拉丁译本在 1608 年问世。也可参见 Cantor, ibid., pp. 576～577。

会第二次上升,于是所有的球能够自动地保持**持续的和无休止的运动,但这是虚假的**。①

22   现在,斯蒂文很容易从这个原理得出斜面上的平衡定律和许多其他富有成效的结论。

在同一本著作第 114 页的"流体静力学"一章中,斯蒂文提出了以下原理:"Aquam datam, datum sibi intra aquam locum servare"——水的特定质量在水里保持它的特定位置。这个原理是如下论证的(参见图 2):

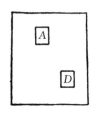

图 2

由于用自然手段呈现它是可能的,让我们假定 A 没有保持在指定给它的位置,而是向下沉到 D。这样安放时,出于同样的原因,接续 A 的水也将向下流向 D;A 将被迫离开它在 D 的位置;于是,这个水体由于它里面的状况处处相同,**将引**

---

① "Atuqi hoc si sit, globorum series sive corona eundem situm cum priore habebit, eademque de causa octo globi sinistri ponderosiores erunt sex dextris, ideoque rersus octo illi descendent, sex illi ascendant, istique globi ex sese *continuum et acternum motum efficient, quod est falsum.*"

起荒谬的永恒运动。①

　　所有流体静力学原理都可以由此推导出来。在这个场合,斯蒂文也是首次详尽阐述对于近代分析力学而言如此富有成效的思想,即添加刚性的关联未破坏一个系统的平衡。正如我们所知,引力中心守恒原理现在有时借助那个评论从达朗伯原理推导。今天,如果我们重演斯蒂文的论证,我们应该将它稍做一点改变。我们发现,可以毫无困难地设想,假如以为去掉所有障碍,棱柱上的绳子保持不断的匀速运动;但是,如果消除了阻力,我们就应当反对加速运动,甚至匀速运动的假定。而且,为了获得更精确的证据,球的细绳应该换成具有无限柔韧性的、沉重的、均匀的绳子。但是,所有这一切丝毫不影响斯蒂文思想的历史价值。事实是,斯蒂文从永恒运动不可能原理清楚地推论出更加简明的真理。

　　16 世纪末,在把伽利略引向他的发现的思想进程中,下述原理发挥了重要作用,即物体借助它在下落时获得的速度,能够上升到与它下落正好一样的高度。这个原理简直就是排斥永恒运动原理的另一种形式,它反复而且异常清晰地出现在伽利略思想中,正如我们将要看到的,它也在惠更斯(Huygens)的思想中。

　　正如我们所知,伽利略在首先假定他不得不否决的不同定律之后,通过**先验**考虑得出匀加速运动定律,正如那个是"最简单的

---

　　①　"A igitur,(si ullo modo per naturam fieri possit) locum sibi tributum non ser-vato, ac delabatur in D; quibus positis aqua quae ipsi A succedit eandem ob causam def-fluet in D,eademque ab alia istinc expelletur, atque adeo aqua haec(cum ubique eadem ratio sit) *motum instituet perpetuum, quod absurdum fuerit.*"

和最自然的"定律一样。为了证实他的定律,伽利略用斜面上下降的物体做实验,通过从大容器的小孔流出的水的质量测量下降的时间。在这个实验中,作为一个基本原理,他假定,在沿斜面下降中获得的速度总是与下降通过的垂直高度相称;在他看来,这个结论是下述事实的直接结果:沿斜面下降的物体,只能以它获得的速度、在任何斜度的另一平面上上升到相同的垂直高度。情况似乎是,这个上升高度原理也导致他达到惯性定律。让我们听听在"第三天对话"(*Opere*,Padova,1744,Tom.Ⅲ)中他自己的巧言妙语。在第 96 页我们读到:

如果不同斜度的平面的高度相等,我认为理所当然的是,沿着这些斜面下降的物体获得的速度是相同的。①

然后,他让萨尔维阿蒂在对话中说:②

① "Accipio, gradus velocitatis ejusdem mobilis super diversas planorum inclinationes acquisitos tunc esse aequales, cum eorundum planorum elevationes aequales sint."

② "Voi molto probabilmete discorrete, ma oltre al veri simile voglio conuna esperienza crescer tanto la probabilità, che poco gli manchi all'agguagliarsi ad una ben necessaria dimostrazione. Figuratevi questo foglio essere una parete eretta al orizzonte, e da un chiodo fitto in essa pendere una palla di piombo d'un'oncia, o due, soepesa dal sottil filo A B, lungo due, o tre braccia perpendicolare all'orrizonte, e nella parete segnate una linea orrizontale D C segante a squadra il perpendicolo A B, il quale sia lontano dalla parete due dita in circa, trasferendo poi il filo A B colla palla in A C, lasciata essa palla incolla palla in AC, lasciata essa palla in libertà, la quale primier amente vedrete scendere descriuendo l'arco C B D e di tanto trapassare il termine B, che scorrendo per l'arco B D sormonter sormonterà fino quasi alla segnata parallela C D, restando

你们所说的似乎是非常可能的,但是我希望进一步通过 25
实验增大它的可能性,使它几乎相当于绝对的证明。假定这
张纸是一堵垂直的墙,在钉进墙的钉子上用一根长四五英尺
的非常细的线 AB 悬挂一个重两三盎司的铅球(图 3)。在墙
上画垂直于垂线 AB 的水平线 DC,垂线 AB 应当挂在距墙约

---

di per vernirvi per piccolissimo inter vallo, toltogli il precisamente arrivarvi dall'impedi-
mento dell'aria, e del filo. Dal che possiamo veracemente concludere, che I'impeto ac-
quistato nelpunto B dalla palla nello scendere per I'arco CB, fu tanto, che bastò a
risospingersi per un simile arco BD alla medesima altzza ; iatta. e più volte reiterata
cotale esperienza, voglio, che fiechiamo nella parete rasente al perpendicolo AB un
chiodo come in E, ovvero in F, che sporga in fuori cinque, o sei dita, e questo acciocchè
il filo AC tornando come prima a riportar la palla C per I'arco CB, giunta che ella sia
in B, inoppando il filo nel chiodo E, sia costretta a camminare per la circonferenza BG
descritta in torno al centro E,dal che vedremo quello, che potrà far quel medesimo im-
peto,che dianzi concepizo nel medesimo termine B,l'istesso mobile per I'arco ED all'
altezzl dell'orizzonale CD. Ora, Signori, voi vedrete con gusto condursi la palla all'
orizzontale nel punto G, e l'istesso accadere, I'intoppo si metesse più basso. come in
F, dove la palla descriverebbe l'arco BJ, terminando sempre la sua salita presisamente
nella linea CD, e quando I'intoppe del chiodo fusse tanto basso, che I'avanzo del filo
sotto di lui non arivasse all'altezza di CD(il che accaderebbe, quando fusse più vicino
all'punto B, che al segamento dell'AB coll'orizzontale CD), allora il filo caval-
cherebbe il chiodo, esegli avolgerebbe intorno. Questa esperienza non lascia luogo di du-
bitare della veritàdel supposto: imperocche essendo li due archi CB, DB equali e simil-
mento posti, l'acquisto di momento fatto per la scesa nell'arco CB, è il medesimo, che
il fatto per la scesa dell'arco DB ; ma il momento acquistato in B per I'arco CB è po-
tente a risospingere in su il medesimo mobile per I'arco BD ; adunque anco il momento
acquistato nella scesa DB è eguale a quello, che sospigne i'istesso mobile pel medesimo
arco da B in D, sicche universalmente ogin momento acquistato per la scesa dun arco è
eguale a quello, che può far risalire l' istesso mobile pel medesimo arco: ma i momenti
tutti che fanno resalire per tutti gli archi BD, BG, BJ sono eguali, poichè son fatti
dal istesso medesimo momento acquistato per la scesa CB, come mostra I'esperienza:
adunque tutti i momenti, che si acquistano per le scese negliarchi DB,GB, FB sono
eguali. "

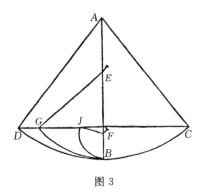

图 3

两英寸的地方。现在,如果拴着球的线 AB 占用 AC 的位置,然后松开球,你们将看到球首先向下通过弧 CB,然后越过 B 点,通过弧 BD 几乎上升到线 CD 的水平,空气和线的阻力妨碍它精确达到该水平。由此我们可以确实地断定,它下降划过弧 CB 获得的、在 B 点的冲力,足以推它通过类同的弧 BD 而到达相同的高度。做这个实验并且重复几次之后,让我们在墙上朝垂线 AB 的射影,比方说在 E 或 F,钉一个五六英寸长的钉子,于是线 AC 像以前一样带着球划过弧 CB,在它到位置 AB 时将碰到钉子 E,球将因此被迫沿着以 E 为中心划出的弧 BG 向上运动。接着,我们会看到,此刻与之前在同一点 B 获得的相同的冲力在这里做什么事情,它接着驱动同一运动物体通过弧 BD 到达水平线 CD 的高度。这样一来,先生们,你们会高兴地看到,球在点 G 上升到水平线;而且,如果把钉子钉得较低一些,比如在 F,也会发生相同的事情:在这种情况下,球会划出弧 BJ,总是将它的上升精确地终止在线 CD。如果把钉子钉得低到它下面线的长度够不到 CD 的高度（要是 F 更靠近 B 点而不是 AB 与水平线 CD 的交点，将会发生这种情况），那么线会围着钉子自我卷绕。对于该假定的真理性，这个实验没有留下怀疑的余地。由于两个弧 CB、DB 相等并且处境相似，在弧 CB 下降中获得的动量与在弧 DB 下降中获得的动量相同；但是，通过弧 CB 下落、在 B 点上所获得的动量，可以驱使相同的运动物体向上通过弧 BD；因此，在下降 DB 中获得的动量也等于驱动相同的运动物体通过从 B 到 D 同一弧的动量，以至于一般说来，在弧下降中所获得的每个动量，等于促使相同运动的物体通过相同的弧上升获得的动量；但是，促使所有弧 BD、BG、BJ 上升的全部动量都是相等的，因为它们都是在下降 CB 获取的同一个动量造成的，正如实验显示的那样：因此在弧 DB、GB、JB 下降中获得的全部动量都是相等的。

可以把这段与钟摆相关的议论应用到斜面中，并导致惯性定律。我们在第 124 页[①]读到：

现在很明白，在 A 从静止开始并沿斜面 AB 下降的可运

----

① "Constat jam, quod mobile ex quiete in A descendens per $A B$, gradus acquirit velocitatis juxta temporis ipsius incrementum: gradum vero in B esse maximum acquisitorum, et suapte natura immutabiliter impressum, sublatis scilicet causis accelerationis novae, aut retardationis: accelerationis inquam, si adhuc super extenso plano ulterius progrederetur; retardationis vero, dum super planum acclive $B C$ fit reflexio: in horizontali autem $G H$ aequabilis motus juxta gradum velocitatis ex A in B acquisitae in infinitum extenderetur."

动的物体,获取的速度与它的时间的增量成比例:在 B 拥有的速度是所获取的速度中最大的;而且,倘若消除新的加速或减速——我说加速是考虑它沿着延伸的平面进一步行进的可能,减速是考虑使它倒退并爬升平面 BC 的可能性——的所有原因,它将按其本性被永远不变地传送。但是,在水平面 GH 上,它的平稳运动按照它从 A 下降到 B 获得的速度,将会无限地持续下去。(图 4)

28

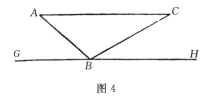

图 4

　　继承了伽利略衣钵①的惠更斯,形成更加鲜明的惯性定律的概念,并推广在伽利略手中富有成效的关于上升高度的原理。他在解决振荡中心问题时运用伽利略的原理,而且极其清楚地陈述道,关于上升高度的原理与排斥永恒运动原理是等价的。

　　接着,出现以下重要的段落(Hugenii, *Horologium oscillatorium*, *pars secunda*)(惠更斯,《时钟振荡》第二部分)。**假设**:

---

　　①　原文印刷的是 mantel(壁炉架),而不是 mantle(衣钵)。中译者查阅了 1895 年英译本第 147 页、1897 年英译本第 147 页,均印刷的是 mantel 而不是 mantle。中译者在德文初版 E. Mach, Populär-Wissenschaftliche Vorlesungen, Johann Ambrosius Barth, Leipzig, 1896. 第 165 页看到,作者马赫在这里使用的是 Nachfolger(继任者、接替者、接班人),英译者借用《圣经》之语 have somebody's mantle fall upon one(继承某人的衣钵),其翻译是正确的。错误出在印刷和校对上。令中译者不解的是,这个错误居然近百年来未被当事人以及相关学人发现。——中译者注

假如不存在引力,大气也不阻碍物体运动,那么物体将以平稳的速度在直线上永远保持曾经施加给它的运动。[①] [参见注释 1,边码第 75 页]

在《时钟振荡中心》(*Horologium de centro oscillationis*)的第四部分,我们读到:

如果任何数目的重物由于引力开始运动,重物共同的引力中心总体上不可能上升得比它开始运动时占据的位置更高。

鉴于我们的这个假设不可能引起顾虑,我们将申明,它仅仅意味着,从来也没人否定重物不**向上**运动。确实,如果做这样的无谓尝试以建造永恒运动的新机器的设计者熟悉这个原理,那么他们能够很容易让自己发现错误,并理解这种事情用力学手段是绝对不可能完成的。[②]

29

---

① "Si gravitas non esset, neque aër motui corporum officeret, unumquodque eorum, acceptum semelmotum continuaturum velocitate aequabili, secundum lineam rectam."

② "Si pondera quotlibet, vi gravitatis suae moveri incipiant; non posse centrum gravitatis ex ipsis compositae altius, quam ubi incipiente motu reperiebatur, ascendere."

"Ipsa vero hypothesis nostra quominus scrupulum moveat, nihil aliud sibi velle ostendemus, quam, quod memo unquam negavit, gravia nempe sursum non ferri. —Et sane, si hac eadem uti scirent novorum operum machinatores, qui motum perpetuum irrito conatu moliuntur, facile suos ipsi errores deprehenderent, inteiligerentque rem eam mechanica ratione haud quaquam possibilem esse."

这里可能有耶稣会的心理存留,它们包含在"力学手段"这个词语中。由该词语可能导致人们相信,惠更斯认为非力学的永恒运动是可能的。

在同一章的命题 IV 中,甚至更加清晰地提出了对伽利略原理的概括:

> 如果由几个重物组成的摆从静止开始运动,完成它的完全振荡的任何一部分,并且从那一点向前,单个重物随着它们共同关联被解除而改变它们获得的向上速度,尽其所能升高,那么所有重物共同的引力中心将被运送的高度与它在振荡开始前占据的高度相同。①

最后的这个原理是把伽利略关于单个质量的观念应用到质量30　系统(参见注释 2,边码第 80 页)的概括,我们从惠更斯的说明辨认出它排斥永恒运动原理;惠更斯此时正是基于它建立他的振荡中心理论的。拉格朗日表示,这个原理的特征是根据不足;而让他感到欣喜的是,詹姆斯·伯努利(James Bernoulli)在 1681 年成功地尝试把振荡中心理论还原为在他看来更清楚的杠杆定律。17世纪和 18 世纪的所有伟大的探究者就这个问题展开交锋,它最终与虚速度原理共同导致达朗伯 1743 年在他的《动力学论文》中阐明

---

① "Si pendulum e pluribus ponderibus compositum, atque e quiete dimissum, partem quamcunque oscillationis integrae confecerit, atque inde porro intelligantur pondera ejus singula, relicto communi vinculo, celeritates acquigravitatis ex omnibus compositae, ad eandem altitudinem reversum erit, quam ante iceptam oscillationem obtinebat."

的原理,尽管以前欧拉和赫尔曼以略微不同的形式使用过这一原理。

进而,关于上升高度的惠更斯原理成为"活力守恒定律"的基础,这个定律由约翰·伯努利和达尼埃尔·伯努利(Daniel Bernoulli)阐明,并且被后者那样非凡地运用在他的《流体动力学》中。伯努利定理和拉格朗日在《分析力学》中的表达只是在形式上不同。

托里拆利(Torricelli)取得他的著名的液体射流定律的方式,再次得出我们的原理。托里拆利设想,从容器底部孔口流出的液体,不会由于它的射流的速度而上升到比它在容器里的水平更高的高度。

接下来,让我们考虑属于纯粹力学的一个要点,即**虚运动**或**虚速度**原理的历史。像通常所述的那样,并且拉格朗日也如此断言,31 这个原理并不是由伽利略首次阐述,而是更早一些由斯蒂文阐明的。在上面引用的他的著作《绞盘静力学》第 72 页,他说:

> 观察到这个静力学公理在此处有效:
> 由于作用物体的空间等同于被作用物体的空间,因此被作用物体的动力等同于作用物体的动力。①

我们知道,伽利略在对简单机械的思考中认识到这个原理的真理,也从它推导出液体平衡定律。

---

①　"Notato autem hic illud staticum axioma etiam locum habere:
　　　Ut spatium agentis ad spatiumpatientis
　　　Sic potential patientis ad potentiam agentis. "

托里拆利使该原理返回到引力中心的性质。在动力和负载由重物表示的简单机械中,控制平衡的条件就是重物共同的引力中心不降低。反过来,如果引力中心不能降低,即可得到平衡,因为沉重的物体不会自动向上运动。在这种形式下,虚速度原理等价于惠更斯的永恒运动不可能性原理。

1717 年,约翰·伯努利(John Bernoulli)首次察觉虚位移原理对所有系统的普遍含义,他在给瓦里尼翁(Varignon)的信中陈述了这一发现。最后,拉格朗日对这个原理给出一般的证明,并把他的整个《分析力学》奠基于其上。不过,这个一般证明毕竟是以惠更斯和托里拆利的评论为基础的。如同我们了解的那样,拉格朗日设想在整个系统的力的方向安置简单的滑轮,让绳子穿过这些滑轮,并且在它松开的末端悬挂一个重物,这个重物是该系统的所有力的共同量度。现在,可以毫无困难地选择每个滑轮组件的数目,以便将用它们代替所述的力。于是很清楚,如果末端的重物不能下沉,就可维持平衡,因为重物不会自动地向上运动。如果我们没有走得那么远,而是希望信守托里拆利的观念,我们也许会设想,一个特殊重物代替该系统的每一个单个力,这个重物在力的方向悬挂在穿过滑轮的绳子上,并且连接在它的实施之处。于是,当所有重物共同引力中心不能一起下降时,即可维持平衡。显然,这个论证的基本假定是永恒运动的不可能性。

拉格朗日千方百计地提供没有非相关要素的和充分满意的证明,可是没有完全成功。他的后继者并非更加幸运。

就这样,整个力学建立在一种观念的基础上,该观念虽然不含糊,但却是非惯常的,而且与其他力学原理和公理不对等。每位力学学生在他进展的某一阶段，都对这种事态感到不自在；每一个人都希望消除它；可是，却难得用语言陈述这个困难。因此，当热情的科学学生在像普安索（Poinsot）这样的大师的著作（《系统平衡和位移的一般理论》）中读到下述段落时，他极其欢欣鼓舞；这位作者在其中正在提出他对《分析力学》的看法： 33

> 其间，考虑到那部著作对力学的漂亮的展开，即力学似乎从单个公式完美地涌现，我们的注意力首次被完全吸引住了，为此我们自然相信，科学被完成了，或者它仅仅留下寻求虚速度原理的证明。然而，这一探索又使我们借助原理本身克服的困难卷土重来。经过审查，那个如此普遍的定律反而变得晦涩费解，由于其中混合了模糊而陌生的无限小位移和平衡微扰观念；而且，鉴于拉格朗日的工作也没有提供比分析进展更清晰的东西，我们清楚地看到，阴云好像只是从力学的进程中升起，因为可以这么说，阴云恰恰聚集在那门科学的源头。
>
> 本质上，虚速度原理的一般证明等价于把整个力学建立在不同的基础上：因为对包括整个科学的定律的证明与把那门科学还原为另一个定律毫无二致；但是，该定律与第一个定律相比，恰好一样普遍，但却清楚明白，或者至少比较简单，从而它使第一个定律变得毫无用处。①

---

① "Cependant, comme dans cet ouvrage on ne fut d'abord attentive qu'à considérer ce beau développement de la mécanique qui semblait sortir tout entière d'une seule et même formule, on crut naturellement que la science etait faite, et qu'il ne restait plus qu'à chercher la démostration du principe des vitesses virtuelles. Mais

34   因此,按照普安索的观点,虚位移原理的证明相当于力学的全部更新。

对于数学家而言,另一个令人不安的情况是,在力学目前以其存在的历史形式中,把动力学建立在静力学的基础上,而值得向往的是,在自称演绎完备的科学中,比较特殊的静力学定理能够从更普遍的动力学原理中演绎出来。

事实上,伟大的大师高斯(Gauss)在他对最小约束原理的描述(Crelle's *Journal für reine und angewandte Mathematik*(《纯粹数学和应用数学杂志》),Vol IV, p. 233.)中,用下述话语表达了这个愿望:"按照实际情况来说,恰当的做法是,在科学的逐渐发展中,在对个人的教育中,容易的应该位于困难的之前,简单的应该位于复杂的之前,特殊的应该位于普遍的之前;可是,当心智一旦得出更高级的观点时,它就需要相反的过程,在这个过程中全部静力学看起来仅仅是力学的一个特例。"现在,高斯自己的原理拥有普遍性的一切必要条件,但是它的困难在于,它不是直接可理

---

cette recherche ramena toutes les difficultés qu'on avait franchies par le principe même. Cette loi si générale, où se mêlent des idées vagues et étrangères de mouvements infiniment petits et de perturbation d'équilibre, ne fit en quelque sorte que s'obsurir à Ièxamen; et le livre de Lagrange n'offrant plus alors rien de clair que la marche des calculs, on vit bien que les nuages n'avaient paru levé sur le cours de la mécanique que parcequ'ils étaient, pour ainsi dire, rassemblés à l'origine même de cette science.

"Une démonstration générale du principe des vitesses virtuelles devait au fond revenir a établir le mécanique entière sur une qutre base; car la demonstration d'une loi qui embrasse toute une science ne peut être autre chose que la reduction de cette sceince à une autre loi aussi générale, mais évidente, ou du moins plus simple que la premiére, et qui partant la rende inutile."(Poinsot, *Éléments de statique*, 10. Éd., paris, 1861, pp. 263~264.)

解的,而且高斯是借助达朗伯的原理推导它的,这是一个把问题留在它们以前所在之处的步骤。

那么,虚运动原理在力学中发挥的奇异作用源自何处呢?目前,我只能做出这样的回答。当我首次作为学生接受它时,当我做过历史研究后继续采纳它时,在我看来很难讲述,拉格朗日关于该原理的证明对我造成的印象有何差异。依我之见,它首先显得枯燥乏味,主要是由于不适合数学观点的滑轮和绳子;而且,我更愿意从该原理本身发现它的作用,而不是把它看做理所当然的。刚才,我研究了科学史,我无法想象一种更加出色的证明。

事实上,正是这同一个排斥永恒运动原理遍及整个力学,几乎完成一切,这令拉格朗日不悦,然而他仍然不得不使用它,至少心照不宣地在他自己的证明中使用它。如果我们给出这个原理适当的地位和背景,那么悖论很容易解释。

让我们考虑物理学的另一个部门即热学理论。

S. 卡诺(S. Carnot)在他的《关于火机车动力的思考》(*Réflexxions sur la puissance motrice du feu*)①建立了下述定理:无论何时借助热做功,热的某一量从较热的物体转移到较冷的物体(假定在作用物体的状态中的永久改变不发生)。热的传递对应于功的完成。反过来,利用所得到的相同量的功,人们能够再次使热从较冷的物体传递到较热的物体。现在,卡诺发现,就做一定的功而言,从温度 t 流到温度 t_1 的热量不能够取决于上述物体的化学性质,而仅仅依赖于这些温度。要不是这样的话,便能够想象不

35

36

———————

① Paris, 1824. [Cf. a note to p. 38 below.]

断地从无产生功的物体的组合。于是,在这里,重要的发现建立在排斥永恒运动的原理之上。毫无疑问,这是该定理的第一个超力学的应用。

卡诺认为,热量是不变的。现在,克劳修斯(Clausius)发现,伴随功的完成,热不仅仅从 t 流到 t_1,它的一部分失去了,这部分总是与所做的功成比例。通过继续应用排斥永恒运动原理,他找到

$$-\frac{Q}{T} + Q_1\left(\frac{1}{T_1} - \frac{1}{T}\right) = 0,$$

在这里 Q 表示转变为功的热量,Q_1 表示从绝对温度 T 流到绝对温度 T_1 的热量。

把特殊的权重放在热随做功而消失和热随机械功消耗而形成上——这个过程通过 J. R. 迈尔、亥姆霍兹(Helmholtz)和 W. 汤姆孙(W. Thomson)的考虑以及拉姆福德(Rumford)、焦耳(Joule)、法夫尔(Favre)、希尔伯曼(Silbermann)和许多其他人的实验得以确认。由此得出结论,如果热能够转变为机械功,那么热就在于机械过程——在于运动。作为一个结果,这个像野火一样传播到整个有教养的世界的结论具有大批关于这个课题的文献,现在人们处处热切地专注于借助运动说明热;他们确定分子的速度、平均距离和路程,人们说,几乎不存在一个不能借助足够冗长的计算和不同的假设用这一方式完备解决的问题。无须惊奇,在这一切喧嚷声中,一种最显著的声音,即热的力学理论的伟大奠基者 J. R. 迈尔的声音却未被听到:

正如我们从下落的趋势和运动的关联中不能得出这种趋势的本质是运动一样，我们也不能如此得出这个结论对于热也成立。宁可说，我们可以得出相反的结论：为了变成热，运动——不管是像光或辐射热那样的简单运动还是振动——必须不再是运动。①

我们以后将看到，热随着做功消失的原因是什么。

排斥永恒运动定理的第二个超力学的应用，是诺伊曼（Neumann）针对电感应定律的分析基础完成的。这也许是这种类型的最有才能的工作。

最后，亥姆霍兹②尝试把功守恒定律贯彻到整个物理学，并从 38

① *Mechanik der Wärme*，Stuugart，1867，p. 9.

② H.亥姆霍兹的论文的一个合适的版本是 1847 年的 *Ueber die Erhaltung der Kraft* 以及亥姆霍兹本人在他的 *Wissenschaftliche Abhandlungen*（Vol. I，pp. 12～75）重印时添加的注释，这在奥斯特瓦尔德的 *Klassiker der exakten Wissenschaften*（《精密科学的经典作家》）第一卷。这个相同的《精密科学的经典作家》丛书在德译本中常常带有有价值的注释，它也包括马赫在本书提到的下述著作：Galileo's *Discorsi*(notes by Arthur von Oettingen)，Nr. 11，24，and 25；Carnot 的 1824 年的著作（notes by W. Ostwald），Nr. 37；F. E. Neumann 的关于感应电流的论文（notes by C. Neumann），Nr. 10 and 36；Clausius 的 1850 年关于热力学的论文（notes by M. Planck），Nr. 99；Coulomb 的关于扭秤的论文（notes by Walter König），Nr. 13. 在同一丛书中，有 Helmhotz 和 Kirchhoff 关于热力学的一些论文（notes by M. Planck），分别在 Nr. 124 和 Nr. 101 中；Huygens 的 1867 年的 *Traité de la lumière*，在其中给出的关于力学物理学的观点（参见 Mach，*Pop. Sci. Lect.*，3d ed.，Open Court Publishing Co.，Chicago，1898，pp. 155～156）由 E. Lommel 和 A. von Oettingen 在 Nr. 20 中做注解。

在这里，我们也可以补充说，克劳修斯关于热力学的论文被 W. R. Browne 翻译为英文（*The Mechanical Theory of Heat by R. Clausius*，London，1879；在 *Nature*，February 19，1880 中加以评论。德文版在 Braunschweig 出版：3 vols.，Vol, I，3rd ed.，1887；Vol. II，2nd ed.，1879；Vol. III，2nd ed.，1889～1891）。

这个出发点向前,这个定律对于科学范围的应用不可胜数。

亥姆霍兹以两种方式贯彻该原理。他说过,我们能够从这个基本定理提出功不能从无创生,从而能够把物理现象关联起来;或者,我们能够认为物理过程是仅仅由中心力,从而由具有势的力产生的分子过程。关于后一过程,力学的功守恒定律在拉格朗日的形式中当然有效。

至于第一个思想,我们必须认为,它作为卡诺、迈尔和诺伊曼在力学之外应用该原理的尝试的概括,是一个重要的思想。只是我们必须同亥姆霍兹赞同的观点作斗争,即该原理起初是通过力学的发展而逐渐被接受的。事实上,它比整个力学还要古老。

现在,这种观点似乎是引起第二种处理方式的主导动机,正像我希望表明的,许多人能够被驱策反对它。

无论如何,情况可能是,物理现象能够还原为分子的运动和平衡过程的观点如此普遍地传播开来,以至于现在本人只能听任人们体验,本人正在小心谨慎地、冒着激起下述看法的风险反对它:这种看法不是最新的,没有把握现代文化的趋势。

为了说明这一点,我将引用冯特(Wundt)[①]1866年关于物理公理的小册子中的一段,因为冯特是现代自然科学趋势的代表,他的思维方式恐怕是大多数自然科学研究者的思维方式。冯特提出下述公理:

1. 自然界中的所有原因都是运动的原因。

---

① *Die physikalischen Axiome und iher Beziehungen zum Kausalprincip*, Erlangen, 1866.

2.每一个运动的原因处于运动物体的外部。　　40

3.所有运动的原因在联结的直线方向起作用,等等。

4.每一个原因的结果持续下去。

5.相等的反结果对应于每一个结果。

6.每一个结果等价于它的原因。

于是,毫无疑问,在这里把所有现象都看做是力学事件之和。而且,就我所知,没有引起对冯特观点的反对。现在,就冯特的工作与力学有关而言,尤其是就什么涉及公理的推论而言,不管它可能多么有价值,不管它在前者中与我多年持有的思想多么一致,我只能认为他的定理是力学的定理,而不是物理学的定理。我以后将返回这个问题。

这样一来,我们在这个诸多世纪的历史概述中看到,我们的功守恒原理作为研究工具起了巨大的作用。第二个排斥永恒运动定理总是导致力学真理的发现,后来总是导致其他物理学真理的发现,也能够认为它是第一个定理的历史基础。另一方面,把整个物理学视为力学、使第一个定理成为第二个定理的基础或把第一个定理延伸到第二个定理的尝试,不容许被误解。现在,这个循环是要不得的,并激起人们的猜疑。它急迫地要求研究。

首先,很清楚,排斥永恒运动原理不能建立在力学的基础上, 41 由于在力学大厦矗立之前好久就感觉到它的正确性。该原理必定具有另外的基础。在比较仔细地考虑物理学的力学概念(mechanical conception of physics)时,如果我们发现,后者遭受怀疑的预期和片面性的话,而两种指责中的无论哪一个都不能提出反对我们的原理,那么这个观点现在便受到支持。于是,我们首先将审查力学自然观(the mechanical view of nature)，以便证明所说的原理是独立于它的。

三、力学物理学

把力学的功守恒定理延伸到排斥永恒运动定理的尝试,与力学自然概念(the mechanical conception of nature)的兴起有关,这再次特别受到热的力学理论进步的激励。此刻,让我们一瞥热理论。

近代的热的力学理论和热是运动的观点,原则上基于下述事实:正在考虑的热的量减少用所做的功度量,而正在考虑的热的量增加用所利用的功度量,倘若这种功不以另外的形式出现的话。我之所以说近代的热学理论,是因为众所周知,借助运动说明热已经不止一次给出,并且被忽略了。

现在,如果人们说,热消失用它做功度量,那么热就不能是物质的,从而必定是运动。

S.卡诺发现,无论何时热做功,热的某一量就从较高的温度水平降到较低的温度水平。他在此假定,热的量依然是恒定的。一个简单的类比是这样:如果水(比如说借助水磨)做功,水的某一量就从较高水平降到较低水平;水的量在这个过程中依然不变。

当木头因潮湿膨胀时,它能够做功,例如胀破裸露的岩石;一些人,像古埃及人,为那种意图利用它。现在,对于自作聪明的埃及人来说,很容易建立湿度的力学理论。若湿气可以做功,则它必须从更湿的物体达到不太湿的物体。显然,自作聪明的人补充说,潮湿的量依然不变。

当电从较高电势的物体流到较低电势的物体时,电能够做功;电的量依然不变。

如果运动的物体把它的一些活劲传递给运动得较慢的物体时,那么它能够做功。活劲能够借助从较高的速度水平转移到较低的速度水平而做功;于是,活劲减少。

从每一个物理学分支拿出这样的类比,都不会有什么困难。我有意选择最近的,因为完备的类比并不成功。

当克劳修斯把卡诺定理与迈尔、焦耳和其他人的深思和实验关联起来时,他发现必须放弃添加"热的量依然不变"。另一方面,人们必然说,与做功成比例的热的量消失了。

"在做功时水的量依然不变,是因为水是实物(substance)。热的量变化,是因为热不是实物。"

44　　这两个陈述看来会使最科学的研究者感到满足;可是,二者是完全无足轻重的,意味着无。

聪明伶俐的学生有时向我提出下述问题,我将通过这个问题厘清这一点。像存在热的力学等价物那样,存在电的力学等价物吗?存在,又不存在。不存在像热的**量**的力学等价物那样的电的**量**的力学等价物,因为相同的电的量按照它所处的环境具有大相径庭的做功能力;但是,却**存在**电能的力学等价物。

让我们询问另外的问题。存在水的力学等价物吗?不存在,没有水量的力学等价物,但是存在通过它的下降距离而倍增的水的重量的力学等价物。

当莱顿瓶放电并藉此做功时,我们没有想象做功时电量消失了,我们只是设想电进入不同的位置,相等的正电量与负电量正在被彼此结合起来。

现在,在我们对热和电的处理方面,观点的这种差异的理由是什么?理由纯粹是历史的,完全是约定的;更重要的是,这完全是无关紧要的。请允许我证实这个断言。

1785 年,库仑制造了扭秤,他用它能够测量带电体的斥力。假定我们有两个小球 A,B,在它们的整个面积上带电完全相似。这两个球在它们中心某一距离 r 将彼此施加一定的斥力 p。现在,我们使小球 C 与 B 接触,让二者承受相等的电荷,然后测量在相同的距离 r,B 对 A 斥力和 C 对 A 的斥力。这些斥力的总和还是 p。因此,某物保持恒定。如果我们将这个结果归因于实物,那么我们自然地推断出它的恒定性。但是,这个阐述的要点是电力 p 的可分性,而不是实物的明喻。

1838 年,里斯(Riess)创制了电空气温度计(温差静电计)。这可以测量因瓶子放电产生的热量。通过库仑的测量,该热量与包含在瓶子里的电量不成比例;但是,若 q 是这个热量,s 是电容,则它与 q^2/s 成比例,或者更简单说,它与充电的瓶子的能量成比例。现在,如果我们通过温度计使瓶子完全放电,我们便获得某一热量 W。但是,如果我们通过温度计把电放到第二个瓶子,我们便获得少于 W 的热量。不过,如果我们通过空气温度计使两个瓶子完全放电,我们便获得剩余的热量,这时它将再次与两个瓶子的能量成比例。由于一开始是不完全放电,因此一部分做功的电容量损失了。

46　当瓶子的电荷产生热时,它的能量发生改变,用里斯温度计测量它的值减小了。可是,根据库仑的测量,这个数量依然不变。

现在,让我们假想一下,里斯温度计在库仑扭秤之前发明,由于两项发明彼此无关,这不是很难的技艺;包含在瓶子里的电"量"应当用在温度计中产生的热测量,什么会比这更自然呢? 可是在当时,这个所谓的电量会在产生热或做功时减少,而它现在却仍然保持不变。因此,在这个实例中,电不可能是**实物**而是**运动**,而现在它依然是实物。所以,我们除了拥有热的概念以外,我们还拥有电的概念,其理由纯粹是历史的、偶然的和约定的。

其他的物理事件的状况也是这样。做功时水并没有消失。为什么呢? 因为正如我们测量电一样,我们用天平测量水量。但是,假定我们把用于做功的水的容量叫做量,因而不得不用水磨而不是用天平测量;那么,由于这个量做了功,它也会消失。现在,也许很容易想象,很多物质不像水那么易于得到。在这种状况下,在还会有许多其他测量方式留给我们时,我们也许不能用天平完成一种类型的测量。

47　现在,在热的实例中,历史上确立的对"量"的测量偶然地是热的功值。因此,当做功时,它的量就消失了。但是,据此随之得到热不是实物,这与相反结论即它是实物一样,都是无足轻重的。在布莱克的事例中,因为热没有转换成**其他的**能量形式,所以热量保持恒定。

今天,如果任何人还愿意认为热是实物,那么我们会毫不费力地容许这个人这一自由。他只需要假定,我们称之为热量的那种东西是实物的能量,它的量仍然保持不变,但是它的能量改变了。

事实上,在与物理学的其他术语类比时,我们说热的能量而非热的量也许更好一些。

借助这个反思,热的力学理论的第二个主要定理消失得无影无踪,我已经在另外的地方表明,如果我们提出"势"而不是"热的量"、提出"势函数"而不是"绝对温度",那么我们能够立即把它应用于电现象和其他现象。(参见注释3,边码第85页)

于是,如果我们对热是运动的发现惊讶不已,那么我们对从未被发现的某事物也会感到惊讶。我们是否认为热是实物,这对科学的意图而言是完全不相干的。

如果物理学家希望借助他自己选择的标志法自欺——不能设想事态是这样,那么他就会类似于许多音乐家那样行动,即音乐家在长时间忘记音乐标记法和变柔和的音高如何形成之后,他们实际上具有这样的看法:用六个降半音声调($G\flat$)标示的一段乐谱必须发出不同于用六个升半音声调($F\sharp$)标示的一段乐谱的声音。 48

要不是科学人(scientific people)的忍耐太多,人们可以很容易证明下述陈述是正确的。热恰如氧是实物(substance)那么多地是实物,它也恰如氧不是实物那么少地不是实物。实物是可能的现象,对我们的思想中的空白来说是一个方便的单词。

对于我们研究者,概念"灵魂"(soul)是不相干的,是一个笑料(a matter for laughter)。但是,物质(matter)是严格相同的类型的抽象,恰如它所是的那样好和那样坏。我们对灵魂了解得像对物质了解得一样多。

如果我们在量器管使氧和氢的混合物爆炸,氧和氢的现象消失,并被水的现象取代。现在,我们说,水是由氧和氢**组成**的;但是,这个氧和这个氢只不过是两个思想或两个名称;在见到水时,我们预先准备好它们,以便摹写不是现存的现象;不过,无论何时它们再次出现,正如我们所说,我们分解水。

潜热的实例恰恰与氧的实例相同。在此刻还不能察觉二者时,它们能够出现。若潜热不是实物,则氧不需要是实物。

不能搬出物质的不可毁灭性和守恒来反对我。让我们更确切地说**重量**守恒;于是,我们具有纯粹的事实,而且我们立即看到,它与任何理论毫无关系。在这里,不能稍为更进一步实现这一点。

我们坚持一件事情,这就是在自然研究中,我们仅仅处理外观(appearances)相互关联的知识。我们想象外观背后的东西,**只不过存在于我们的理解中**,对我们来说仅仅具有**记忆技巧**或公式的价值,其形式很容易随我们文化的立场而变化,因为它是任意的和不相干的。

现在,如果我们仅仅把握关于热和功之间的关联的新定律,那么它与我们如何思考热本身毫无关系;在全部物理学中情况类似。这种描述方式一点也没有改变事实。但是,如果这种描述方式如此受到限制和不灵活,以致它不再容许我们注视现象的多方面性,那么它再也不能作为公式应用,它将开始在认识现象中妨碍我们。

我认为,这发生在物理学的力学概念中。让我们瞥见这个概念,即所有物理现象都还原为分子和原子的平衡和运动。

按照冯特的观点,自然界的所有变化都不过是处所的变化。所有的原因都是运动的原因(边码第 26 页)。冯特用以支持他的理论的哲学依据的任何讨论,都会使我们陷入对埃利亚学派和赫尔巴特信奉者的沉思。冯特坚持认为,处所的变化是事物的**唯一**变化,在这种变化中事物依然等同于它本身。如果事物**在质上**变化,我们就不得不设想,某些事物消灭了,其他一些事物在它的处所创生了,这将与我们的被观察的物体同一和物质不灭的观念不协调。但是,我们只要记住,埃利亚学派在运动方面遇到的正是同一类型的困难。难道我们也不能设想,一个事物在**一个**处所被消灭了,而严格类似的事物在**另一**处所被创造出来吗?

对于力学世界观(mechanical view of world)来说,希望基于这样荒谬的、已经有数千年古老的事情为它自己提供证据,这是一个坏兆头。如果在较低的文化阶段获得的物质观念不适宜于处理在较高的知识水平可以达到的现象,那么真正的自然研究者由此可得,必须放弃这些观念;而不应得出,只要这些现象存在,对于它们来说杂乱无章的、活得长久的观念是适合的。

现在,让我们暂时假定,一切物理事件都能够还原为物质粒子(分子)的空间运动。我们用这个假定能够做什么呢?我们由此能够假定,从来不能看到或触摸的、仅仅存在于我们的想象和理解之中的事物,具有只是能够被触摸的事物才具有的性质和关系。我们把可见和可触知的限制强加在我们的思想创造上。

现在,也存在另外意义的其他感知形式,这些形式完全类似于空间,例如对应于一维空间听见的全音序列,我们不容许我们自己与它们相像的自由。我们不认为一切事物是发声的,也不就全音的高度在音乐上想象分子事件,尽管我们在这样做时像在空间中思考它们那样被证明是正当的。

因此,这教导我们,我们在这里强加于我们自己的约束是不必要的。也就是说,与在音调的音阶的确定位置思考这些事物相比,没有更多的必要性把仅仅是在空间中思想的产物的东西看做与可见的和触知的东西有关。

接着,我将马上表明,这个限制具有的一类不利条件。若给定 n 个点之间的距离 e,则这些点的系统在形状和大小方面在 r 维空间被确定,这里 e 由下表给出:

r	e_1	e_2
1··········	$n-1$	$2n-3$
2··········	$2n-3$	$3n-6$
3··········	$3n-6$	$4n-10$
4··········	$4n-10$	$5n-15$
5··········	$5n-15$	$6n-21$
r··········	$m-\dfrac{r(r+1)}{2}$	$(r+1)n-\dfrac{(r+1)(r+2)}{2}$

在这个表中,如果我们提供给定距离的向指的条件,例如在直线上所有点按照一个方向估算的条件,那么将必须用 e_1 标示的栏表示 e;在平面,朝向直线一边的一切都通过头两点;在空间,朝向面一边的一切都通过头三个点;如此等等。如果仅仅给定距离的绝对大小,那么必须使用 e_2 标示的栏。

52　　　在将其成对组合起来的 n 个点之间,距离 $\dfrac{n(n-1)}{1\cdot 2}$ 是可想象的,因此总的来说,超过给定维数的空间能够满足。例如,如果我们假定 e_1 栏是所使用的栏,那么我们在 r 维空间发现,在这个空间中可想象的距离和可能的距离的数目之间的差是

$$\frac{n(n-1)}{1 \cdot 2} - rn + \frac{r(r+1)}{2} = k,$$

或者

$$n(n-1) - 2rn + r(r+1) = 2k,$$

能够使这成为形式

$$(r-n)^2 + (r-n) = 2k.$$

现在,若

$$(r-n)^2 + (r-n) = 0, 或 (r-n) + 1 = 0, 或 n = r+1,$$

则这个差是零。

对于三维空间,当点的数目大于四时,可想象的距离数目比在这个空间可能的距离数目大。让我们想象(图 5),例如由五个原

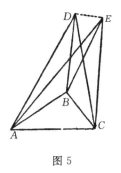

图 5

子 A、B、C、D 和 E 构成的分子,于是在它们之间,有十个距离是可以想象的;但是,在三维空间,只有九个距离是可能的,也就是说,若我们选取九个这样的距离,则第十个可想象的距离借助这个空间的本性确定,而且它不再是任意的。若给我 AB、BC、CA、AD、DB、DC,则我得到固定形式的四面体。现在,我添加 E 以及距离 EA、EB,并决定 EC,于是 DE 由它们决定。这样一来,逐渐改变

距离 DE 而其他距离因此不变,这恐怕是不可能的。因而,在想象许多五原子同分异构分子——这些分子只是因 D 和 E 的关系而彼此不同——的方式方面,可能存在严重的困难。当我们认为五原子同分异构分子处于四维空间时,这个困难便在我们的例子中消失了;于是,十个独立的距离是可想象的,也能够形成十个距离。

现在,分子中的原子数目越大,我们需要使这样组合的所有可想象的可能性成为实际的可能性的空间维数就越高。这仅仅是一个例子,它表明,当我们想象在三维空间并排相处的化学元素时,我们是在什么限制下进行的;如果我们希望用不能包括它们的公式描述它们,元素的众多关系如何能够因此而逃脱我们的注意。(参见注释 4,边码第 86 页)

很清楚,在不沉湎于所提及的概念的情况下,我们如何能够研究元素的本性,实际上人们现在如何开始研究它们。由合成产生的燃烧热比任何形象化的描述给予我们以更清楚的合成的稳定性 54 和方式的观念。于是,在由 n 对组成的任何分子中,如果有可能决定每两对的合成热 $\dfrac{n(n-1)}{1 \cdot 2}$,那么就能够由此概括合成本性的特征。按照这种观点,我们必然可以决定合成热 $\dfrac{n(n-1)}{1 \cdot 2}$;鉴于此,若在空间思考分子,则合成热 $3n-6$ 足矣。也许,还能够把记述化学合成的更合理性的方式建立在这一点上。我们能够用一个圆描述组分,从圆心向圆周画线,然后记述各自的合成热。

也许人们迄今没有成功地确立起满意的电理论的原因,是因为他们希望借助三维空间中的分子事件说明电现象。

与此一道,我相信我已经表明,人们在不是力学自然概念的支持者的情况下,能够坚持、珍惜,也能够妥善利用近代自然科学的成果;力学自然概念对于现象的认识来说不是必要的,能够同样完好地用另一种理论来代替;力学概念甚至能够成为认识现象的障碍。

一般地,让我添加一个关于科学理论的观点:假如所有个别事实——我们希望的所有个别事实、知识——是我们直接可接受的,那么从来也不会出现科学。

因为个人的心理能量即记忆是有限的,所以必须整理材料。例如,对于每一个下落时间,如果我们知道对应的下落通过的空间,那么就能够使我们满足这一点。只是为了容纳 s 和 t 的对应表,可能需要多么庞大的记忆呀。我们记住公式 $s=\dfrac{gt^2}{2}$ 以代替这个表,也就是说记住导出法则,我们借助这个法则从给定的 t 找到对应的 s,这就用非常完备的、方便的和简明的方式代替刚才提到的表。

这个导出法则,这个公式,这个"定律",现在一点也不比个别事实的集合具有更真实的价值。它对我们的价值仅仅在于使用它方便:它具有经济的价值。(参见注释5,边码第88页)

除了以概要的形式收集尽可能多的事实外,自然科学还有另一个问题,这实质上也是经济的。它把比较复杂的事实分解为尽可能少和尽可能简单的事实。我们称这为说明(explaining)。我们把比较复杂的事实还原而成的这些最简单的事实,在它们自身总是存在不可理解的东西,也就是说,它们不是可以进一步分解的。这方面的一个例子就是下述事实:一个质量把加速度给予另一个质量。

现在,这一方面只是经济的问题,另一方面是品位的问题,我们在此中止不可理解性。人们通常自欺地认为,他们把不可理解的东西还原为可理解的东西。理解唯一地在于分析;而人们通常把异常的不可理解性还原为寻常的不可理解性。最后,他们总是达到这种形式的命题:若 A 存在,则 B 存在,因此达到必须从直觉得出的命题,因此这些命题不是进一步可理解的。

人们将容许把什么事实评级为基本的事实,在此事上人们依赖于、取决于习惯和历史。对于知识的较低阶段,不存在比压力和碰撞更充分的说明。

牛顿的万有引力理论以它的外观几乎没有扰乱一切自然研究者,因为它建立在异常的不可理解性上。人们试图把万有引力还原为压力和碰撞。在今日,万有引力不再扰乱每一个人:它变成**寻常**的不可理解性。

众所周知,超距作用(action at a distance)对许多著名的思想家造成困难。"物体只能在它存在之处作用";因此,只存在压力和碰撞,而不存在超距作用。但是,物体在哪里?它只是在我们接触它的地方吗?让我们颠倒这个问题:物体在它作用的地方。人们认为小空间是触觉空间,较大的空间是听觉空间,更大的空间是视觉空间。唯有接触感觉向我们指示物体存在的地方,这是如何发生的呢?而且,能够把接触作用视为超距作用的特例。

正如人们现在所做的那样,相信力学事实比其他事实较好理解,相信它们能够为其他物理事实提供基础,这只是误解的结果。这种信念出自力学的历史比物理学的历史更古老和更丰富的事实，以致我们在较长的时间与力学事实关系密切。谁能够说，在未来某个时候，当我们开始了解并熟悉电现象和热现象的最简单的法则时，它们在我们看来好像不像那个样子了？

在自然研究中，为了相互导出现象，我们总是且仅仅与发现最佳的和最简单的法则有关。一个基本的事实根本不比另一个事实更多地可理解：基本事实的选择是方便、历史和习惯的问题。

科学建立于其上的最终的不可理解性必须是事实，或者，如果这些不可理解性是假设，那么它们必须能够变成事实。若如此选择假设，以致它们的议题（subject，Gegenstand）从来也不能诉诸感觉，从而从来也不能受到检验——对力学的分子理论而言情况就是这样，那么研究者便做了超越于其目的是事实的科学要求他做的事情，这种职责之外的工作是一种祸害。

也许人们会认为，关于不能在现象本身中察觉到的现象的法则，能够借助分子理论发现。只是情况并非如此。在一个完备的理论中，假设的细节必须对应于现象的所有细节，这些假设的事物的所有法则也必须能够直接传递到现象。然而，分子只不过是一种无价值的图像。

因此，我们必须用 J. R. 迈尔的话来说："如果在其所有方面 58 认识了一个事实，那么用那种知识就说明了事实，科学的问题便终结了。"[①]

①　*Mechanik der Wärme*, Stuugart, 1867, p. 239.

四、排斥永恒运动定理的逻辑根源

如果排斥永恒运动原理不是基于力学观点——必须受到承认的命题，由于该原理在力学观点发展之前就被辨认出来了；如果力学观点如此波动和不稳定，以致它不能给予这个定理以确实的基础；而且，实际上，如果很可能我们的原理不是基于实证洞察，因为最重要的实证知识建立在它的基础之上；那么，该原理依赖什么，它总是支配最伟大的研究者的确信力量来自何处？

现在，我将试图回答这个问题。为此意图，我必须稍微回溯自然科学的逻辑基础。

如果我们专心观察自然现象，我们注意到，随着它们中的一些变化，另一些也发生变化；以这种方式，我们变得习惯于认为，自然现象是相互依赖的。现象的这种依赖被称为因果律。例如，有时这样表达："每一个结果都有原因"；这意味着，一个变化只能随另一个变化发生，或者正像人们宁可说的，一个变化由于另一个变化发生。但是，这个表达太不确定了，以致在这里无法进一步讨论。此外，它能够导致很大的不精确性。

很清楚，费希纳（Fechner）① 系统阐述了因果律："处处和时

---

① *Berichte der sächs. Ges. zu Leipzig*, Vol. II, 1850.

时：若相同的环境再次发生，则相同的结果再次发生；若相同的环境不再发生，则相同的结果不会发生。"正如费希纳进而评论的，这意味着："在空间的所有部分和所有时间发生的事物之间建立了一种关系。"

我认为，我们必须补充说，并且在另一个出版物已经补充说，由于我们仅仅辨认出，我们是用某些现象称呼时间和空间的，空间和时间的决定只不过是借助其他现象的决定。例如，如果我们把地球上的物体的位置表示为时间的函数，也就是说，作为地球旋转角度的函数，那么我们仅仅决定了地球上物体的位置的**相互依赖性**。

地球的旋转角度是唾手可得的，因而我们很容易用它代替其他与其相关、但我们却难以接近的现象；它是我们为了避免与现象的不方便贸易而花费的一种金钱，因此谚语"时间就是金钱"在这里也有意义。我们能够运用依赖地球旋转角度的现象代替时间，从每一个自然定律消除时间。　　　　　　　　　　　　　61

同样的讨论也对空间有效。我们通过视网膜、我们的光学的或其他的测量仪器的影响，知道在空间的位置。我们的物理学方程中的 x、y、z，实际上无非是这些影响的方便的名词。因此，空间决定再次是借助其他现象的现象决定。

物理学的目前倾向是，把每一个现象描述为其他现象的函数，描述为某些空间位置和时间位置的函数。现在，如果我们想象，空间位置和时间位置以上述方式在所述的方程中被代替，那么我们仅仅得到**每一个现象是其他现象的函数**。（参见注释 6，边码第 88 页）

于是,因果律用下述说法足以概括其特征:它是现象相互依赖的预设(presupposition)。某些无意义的问题,例如原因是在结果之前还是与结果同时,于是便自行消失了。

因果律等价于下述假定:在自然现象 α、β、γ、δ、……ω 之间存在某些方程。因果律并没有就这些方程的数目或形式说什么;决定这一点的是实证的自然研究的问题;但是很清楚,若方程的数目大于或等于 α、β、γ、δ、……ω 的数目,则所有的 α、β、γ、δ、……ω 能够因之被额外决定或至少完备地决定。因此,自然变化的事实证明,方程的数目少于 α、β、γ、δ、……、ω 的数目。

但是,由于这一点,自然中的某些不确定性依然保持原状,我将在这里立即把注意力转向它,因为我相信,甚至自然研究者有时也忽略它,并由此导向十分奇怪的定理。例如,这样的定理是 W. 汤姆孙[1]和克劳修斯[2]捍卫的定理:按照该定理,在无限长的时间之后,由于基本的热力学定理,宇宙必然热死;也就是说,按照该定理,一切力学运动消失了,最后全部转化为热。现在,在我看来,这样的就整个宇宙阐明的定理似乎是处处虚假的。

只要给定若干现象,其他现象也就共同被决定,但是因果律并没有说,如果我们如此表达宇宙即现象的全体,那么它的目的在于什么,而且这不能由任何研究决定;它不是科学的问题。这隐蔽在事物的本性之中。

宇宙像一个机器,在这个机器中,某些部件的运动由其他部件

① *Phil. Mag.*, October, 1852; *Math. And Phys. Papers*, I, p. 511.

② *Pogg. Ann.*, bd. 93, Dezember, 1854; *Der zweite Hauptsatz d mech. Wämetheorie*, Braunschweig, 1867.

决定,只是没有就整个机器的运动做出什么决定。

如果我们谈论宇宙中的事物,在某一时刻逝去之后,它经受变化 A,那么我们设想它依赖于宇宙——我们认为宇宙是时钟——另外的部分。但是,如果我们针对宇宙本身断言这样的定理,那么 我们就是在欺骗自己:其实我们对我们能够把宇宙归诸为时钟毫无所知。对于宇宙而言,不存在时间。在我看来,人们提到的科学陈述似乎比最糟糕的哲学陈述还要糟糕。

人们通常认为,如果在某一时刻给定整个宇宙的状态,那么它将完全决定下一时刻宇宙的状态;但是,一种幻想在这里爬行。地球的前进给出下一个时刻。地球的位置属于环境。但是,我们很容易犯错误,即把同一环境两次计入。若地球前进,则各种各样的事情发生。只是关于**何时**它将前进的问题根本没有意义。答案只能以下述形式给出:如果它前进得更远,那么它前进得更远。

对于自然研究者而言,考虑并辨认因果律留下的不充分决定性(indetermination),不可能是不重要的。确实,对他来说,这一点的唯一价值是阻止他越过它的界限。另一方面,与闲着的哲学家迄今在知识的其他空白的情况下具有运气相比,他也许能够以更好的运气把他关于意志自由的观念与这一点关联起来。(参见注释 7,边码第 90 页)对自然研究者来说,无非是找到现象的相互依赖。

让我们把能够认为一个现象 a 所依赖的现象总体称为**原因**。若给出这个总体,则 a 被决定,且被唯一地决定。这样一来,也可以把因果律表达为这样的形式:"结果由原因决定。"

因果律的这个最后形式,完全可以是已经存在于人的文化非

63

64

常低的阶段的形式,并且还是充分清楚地存在的形式。一般而言,也许知识的较低阶段与知识的较高阶段与其说可以按照因果性概念的差异区分,还不如说可以按照应用这个概念的方式区分。

没有经验的人,因为他周围现象的复杂化,他会很容易设想不具有可察觉的相互影响的事物之间的关联。例如,炼金术士或男巫可以很容易认为,如果他午夜在十字路口处把水银与犹太人的胡须和土耳其人的气味一起(quicksilwer with a Jew's beard and a Turk's nose)烧煮,而在一英里的半径内无人咳嗽,那么他将从中得到黄金。今天的科学人(man of science)从经验获悉,这样的环境未改变事物的化学性质,因而他具有详细考察和全面研究的比较平稳的路线。科学几乎更多地是通过它学会不理睬的东西而成长的,而不是通过它不得不考虑的东西而成长的。

如果我回忆我的少年时代,我发现因果性概念十分清楚地存在着,但却是不正确的,不是它的幸运应用。例如在我自己的实例中,在我十五岁时有一个转折点,我准确地记得这件事。直到那时,我想象我不理解的一切事物,例如钢琴,只是最惊奇的东西的混杂装配物,我把音键的声音归于它。我没有想到,按键敲击带有重锤的琴弦。后来,有一天我看见风车。我看到轴上的轮齿如何与驱动磨盘的轮齿啮合,一个齿如何推动另一个齿;从那时起,对我来说,情况变得很清楚,一切并非与一切关联,而是凭借环境有所选择。现在,每一个儿童都有大量的机会迈出这一步。但是,曾经有一个时期,正像持续数世纪相信女巫的时疫证明的,只容许最伟大的心智迈出这一步。

至此,我只是想表明,没有实证经验,因果律是空洞的和贫乏的。对于另一个定理即充足理由律来说,这似乎更好,我们立即辨认出它是因果律的反面。让我们用几个例子说明这个定律。

让我们选取一根水平直杆,我们在它的中点支撑它,我们在它的两端悬挂相等的重量。接着,我们立即察觉到,平衡必定存在,因为没有杆宁可在一个方向转动而不在另一个方向转动的理由。阿基米德就是这样得出结论的。

若我们让四个相等的力在正四面体顶点的方向上作用于它的重心,则平衡处于支配地位。再次没有运动宁可在一个方向产生而不在另一个方向产生的理由。

只是这一点并未十分恰当地表达:我们应该确切地说,在这些实例中,存在**什么也不**出现的理由。虽然结果由原因决定,而由原因决定的唯一结果根本**不**是结果。事实上,即使必定出现任何结果,也不能给出从环境导出它的法则。例如,如果我们想象上述力的四面体中的任何合力,并提出导出它的法则,那么便存在能够用同一法则找到的十一个其他合力。在这个实例中,被决定的唯一结果是等于零的结果。充足理由律与因果律或该定理的形式"结果由原因决定",并无本质的不同。

但是,没有做应用这个定理的实验的人,其情况怎么样呢?给他一个具有相等长度臂的、其两端负荷相等重量的杠杆,但是重量和臂的颜色和形状却不同。在没有实验知识的情况下,他可能从未发现仅仅是有关的那些环境。作为在这样的推导中是多么重要的经验的一个例子,我将给出伽利略对杠杆定律的证明。伽利略从斯蒂文那里借用它,并对它稍做修改,而斯蒂文则对阿基米德的证明有一点改变。

　　把水平棱柱 AB 用两条线 u 和 v 在端点悬挂到水平杆 ab 上，而这个杆能够绕它的中点 c 旋转，或者把杆在那里用线悬挂

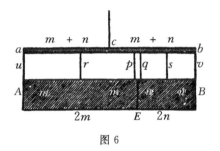

图 6

（图 6）。正像我们立即看到的，这样一个系统处于平衡。现在，如果我们通过在 E 处的截面把棱柱分为长度 $2m$ 和 $2n$ 两部分，当我们在该截面两边处连接两个新线 p 和 q 之后，平衡还存在。若我们用线 r 把断片 AE 在它的中点悬吊到杆 ab 上，用线 s 把断片 EB 在它的中点悬吊到杆 ab 上，并且移走 p、q、u、v。于是，在与 c 距离 n 处悬吊重量 $2m$ 的棱柱，在与 c 距离 m 处悬吊重量 $2n$ 的棱柱。现在，有实际经验的物理学家知道，唯有在棱柱和杆之间传递的线的张力，仅仅取决于重量的大小，而不取决于重量的形状。因此，在再次不干扰平衡的情况下，我们能够用任何其他重量 $2m$ 和 $2n$ 代替棱柱的断片；这给出众所周知的杠杆定律。

　　现在，对力学事物不具备大量经验的人，肯定无法完成这样的证明。

　　还有另一个例子（图 7）。在 A 和 B 处，有相等的和平行的 P 和 $-P$ 作用。正像众所周知的，它们没有合力。例如，让我们假定，$-R$ 是合力，于是我们也必须假定 R 是合力，因为它由与决定 $-R$ 的法则相同的法则决定，倘若我们使图形倒转两直角的话。

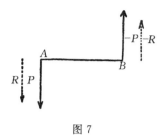

图 7

因此,在这个实例中,由环境完全决定的唯一合力是**无**合力。可是,这只有在下述情况下才有效:如果我们已经知道,我们必须在系统的对称的平面上寻找合力,也就是说,在 P 和 $-P$ 的平面上寻找合力,而且知道力 P 和 $-P$ 没有侧面的(lateral)影响。但是,撇开这一点,例如合力立即由下述法则毫不含糊地决定。请这样安置你自己,使得你的脚在点 A、B 之一,与之一道你的头处于在那里作用的力的方向上,并请朝其他点观看,从而向右与平面(P、$-P$)垂直地画合力。事实上,如此决定的线的部分对于我们的实例有意义。不管怎样,它不是合力,而是在图 7 描绘的普安索力偶(Poinsot's couple)的轴。

如果 P 和 $-P$ 不是单纯的力,而是普安索力偶的轴,从而如果具有受某些侧面性(lateralness)影响的事物,那么刚才被决定的方向可以表示合运动的方向,倘若对于他的头处在箭头而他的脚处在 B 的观察者来说,我们如此选择轴,使得在通过 B 垂直于 $-P$ 的平面上在时钟指针的方向发生转动的话。

现在,我们必须考虑的事物是否具有这样的侧面性,常常不能一瞥即见地决定,而只能借助许多经验如此决定。光的侧面性长 ₆₉ 期以来依然是隐蔽的,对它的发现者马吕(Malus)造成巨大的惊奇。如果电流在通过磁针所画的竖直平面上从南极向北极流动，那么人们认为，一切都相对于这个平面是对称的，磁针至多只能在这个平面上运动。当人们第一次听到，北极向正在观看磁针的电流中的游泳者之左偏离时，他们感到极其惊讶。

充足理由律在有经验的研究者手中是出色的工具，但如果在最有才干而缺乏专门知识的人的手中，则是空洞的公式。

现在，在这些考虑之后，将不难使我们发现排斥永恒运动原理产生的源泉。它再次只不过是因果律的另一种形式。

"从无产生功是不可能的。"如果现象群不得不变成连续的功的源泉，那么这意味着，它会变成另一个现象群的连续变化的源泉。由于借助自然的普遍关联，所有现象也都用力学现象关联起来，因此也用做功关联起来。现象连续变化的每一个源泉是功的源泉，反之亦然。

现在，若现象 α、β、γ、……依赖于现象 x、y、z、……，则某些方程

$$\alpha = f_1(x、y、z、\cdots\cdots),$$
$$\beta = f_2(x、y、z、\cdots\cdots),$$
$$\gamma = f_3(x、y、z、\cdots\cdots)$$

存在；当给定 x、y、z、……时，由此 α、β、γ、……得以唯一地决定。此刻，很清楚，

1. 只要 x、y、z、……是恒定的，α、β、γ、……也是恒定的；

2. 若 x、y、z、……仅仅走一步，则 α、β、γ、……也仅仅走一步；

3. 若 x、y、z、……周期性地变化，则 α、β、γ、……也周期性地变化；

4. 最后，若 x、y、z、……不得不经受变化，则 α、β、γ、……也不得不经受变化。

若现象群 x、y、z、……必须变为功的源泉，则必须使另一个群 α、β、γ、……的连续变化的源泉即群 x、y、z、……本身参与连续的变化。这是排斥永恒运动原理的清晰的形式，是不能被错误解释的形式。在这个抽象的形式中，该定理尤其与力学毫无关系，但是能够把它应用到一切现象。排斥永恒运动原理只不过是这里阐明的定理的特例。

不能颠倒所做的评论。一般而言，能够想象与 α、β、γ、……没有差别的 x、y、z、……的连续变化的某一系统，也就是说，在不是其他现象群的连续变化的源泉的情况下，能够给出使之参与连续变化的外观群。这些群本身是关闭的群。只有经验能够教导，可 71 以怎么把这样的群分开，也就是说，可以把哪些相互依赖的现象以什么方式分开，不能把哪些现象分开，因果律对此没有说一句话。

在没有实证经验的情况下，排斥永恒运动定理恰恰像充足理由律和那种类型的所有定律一样是空洞的。为此缘故——而且历史教导这一点，随着实证知识进步，它在物理学中找到越来越多的应用。起初，它仅仅在力学中应用，接着在热理论中应用，最后在电理论中应用。唯有抽象的定理导致无；而且，普安索①十分正确地评论说："对于以事物自身为依据来研究事物，您什么都肯做，而且对让我们更好地了解成为我们思辨对象的概念，您什么都肯做。"

---

　① *Théorie nouvell de la rolation des corps*, Paris, 1851, p. 80.

让我们用一些例子阐释排斥永恒运动定理。

音叉的变化是周期变化；只有当它们经受持续的变化时，例如通过它们的振幅的减小，它们能够变为功的持续源泉。我们之所以听到音叉，是因为它的振动这样减小。

如果转动的陀螺的角速度减小，那么它能够做功。

仅仅把铜板和锌板并排放置，不会产生**电流**。若板本身没有经受连续的变化，则这样的变化可能从何处来？但是，如果板的连续化学变化出现，那么我们就没有进一步的反对理由抵制电流的假定。

上面提到的倒置过程不容许性的一个例子如下：在不变为功的源泉的情况下，免受阻力的陀螺能够均匀地转动。它的角速度依然是恒定的，但是它的转动角度连续地变化。这与该原理并不矛盾。但是，经验添加的而该原理不了解的东西是：在这个实例中，只是速度的变化而不是位置的变化，能够变成其他变化的源泉。不过，如果人们不得不认为，陀螺的位置的连续变化与其他连续的变化无关的话，那么它会再次是错误的。它与地球转动增加的角度相关。确实，这个观点导致惯性定律的特殊概念，我们将不涉及对此的进一步讨论。

虽然排斥永恒运动原理在有经验的研究者手里非常富有成效，但是它在未被准确探索的经验活动范围内是无用的。

人们把特殊的价值放在下述事实上：我们处理的功的存储和活劲或能量之和是不变的。只是，虽然我们必须承认，这样的商业的和家政的表达十分方便、容易把握，而且适合于人处处按照经济理由计划的本性，但是在冷静地和准确地考察这个问题时，我们发现在这样的定律中,本质上并不比在任何其他自然定律中存在更多的东西。

因果律假定自然现象之间的依赖。找到这种依赖的方式,正是自然研究者的问题。现在,如何写出表示这种依赖的方程,并无很大关系。大家都会同意,用三种形式

$$f(\alpha、\beta、\gamma、\cdots\cdots)=0, a=\psi(\alpha、\beta、\gamma、\cdots\cdots), F(\alpha、\beta、\gamma、\cdots\cdots)=常数$$

写出方程,没有造成巨大的差异,而且在这些形式的最后一个里,并不比其他形式展现特别高的智慧。

但是,就这种形式而言,情况只不过是,功守恒定律不同于其他自然定律。我们能够很容易给予任何其他自然定律以相似的形式;这样一来,我们能够用形式 $\log p + \log v = 常数$ 写出马略特(Mariottve)定律,这里 p 是膨胀力,v 是单位质量的体积。在功守恒定理的这种形式中,不管许多东西看起来多么漂亮、简单和明白易懂,但是我无法感到对神秘主义的任何热情;而一些人喜爱神秘主义,以便借助这个定理推进它。

至此,我相信我已经表明,排斥永恒运动定理仅仅是因果律的特殊形式,而因果律直接源于现象相互依赖的假定——先于每一个科学研究的假定;而且,该假定与力学自然观完全无关,与任何观点一致,只要这个观点牢固地靠定律保持严格的控制。

在这个场合,我们看见,随着时间的推移,自然研究者最后堆积的财富具有大相径庭的类型。它们部分地是实际的知识片断,部分地也是被取代的大大小小的理论,在较早阶段是时时有用的而现在却不相干的观点即哲学论断(philosophemes)等等;在这些哲学论断中,有一些糟糕的类型,一些人据此错误地谴责自然研究

者。对这些财宝进行再审视,有时反而能够是有用的;这给予我们以放弃无价值的东西的机会,人们没有冒把转让行为与财产权混淆起来的风险。

自然科学的目标是现象的关联;但是,理论却像干枯的树叶一样,当它们长期不再是科学之树的呼吸器官时,它们便凋落了。

作 者 注 释

1.（参见边码第 28 页）后来，牛顿以下述方式系统阐述了惯性定律："每一物体继续保持其静止或匀速直线运动状态，除非有外力施加于它迫使它改变那种状态。（Corpus omne perseverare in statu suo quiescendi vel movendi uniformiter in directum nisi quatenus a viribus impressis cogitur statum illum mutare. ）"

Philosiphiae Naturalis Principia Mathematica , Amstaelodami, 1714, Tom. I, p. 12 (Lex I of the "Axiomata sive leges motus"); cf. pp. 2, 358. ［《原理》第一版 1687 年在伦敦出版，第二版 1713 年在剑桥出版，第三版 1726 年在伦敦出版，而由 Andrew Motted 翻译的两卷英译本 1729 年在伦敦出版（一卷本美国版 1848 年和 1850 年在纽约出版）。关于牛顿著作的各种版本和译本的丰富书目信息，在乔治·J. 格雷（George J. Gray）的书中给出：*A Bibliography of the Works of Sir Issac Newton* , 2nd. ed. , Cambridge, 1907. ］

自牛顿以来，这个对伽利略来说只不过是议论的定律，获得了教皇格言的尊贵和难以捉摸性。也许阐明它的最好方式是：每一个物体保持它的方向和速度,只要该方向和速度不受外力改变。

说到这里,我多年前就注意到,在这个定律中存在极大的不确定性;它是就哪一个物体而言的,运动物体的方向和速度相对于哪一个物体决定的,在这个定律中都没有陈述。1868 年夏天,我在大约四十个听众面前做"关于物理学的若干主要问题"(Ueber einige Hauptfragen der Physik)讲演的过程中,首次注意到这个不确定性,即从它能够导出的一系列悖论。在接下来的数年,我经常提到相同的主题,但是我的研究由于在下一个注释中陈述的理由而没有刊行。

此前不久,C. 诺伊曼讨论了这一点,并在该定律中发现严格相同的不确定性、困难和悖论。虽然我遗憾地失去了在这个主要问题上的优先权,但是我的观点与如此卓越的数学家观点精确巧合,给予我极大的愉悦,并使我抵消了几乎所有物理学家对他表示的轻蔑和诧异,而我却与他一起讨论过这个主题。我也想,我可以毫无畏惧地断言,我在如此之多的听众面前、在如此之长的时间之前讲过的问题上具有独立性。

现在,我必须补充说,虽然我在惯性定律中发现的困难与诺伊曼的困难精确巧合,可是我对它们的解答是不同的。诺伊曼认为,他通过考虑一切运动是绝对的、是借助假设性的 α 体决定的,以此消除了困难。唯有此时,每一事物依然像它旧有的样子。惯性定律明显受到更为独特的阐明,但是它在实践中原来并非不同。这从下面的考虑显得很明白。

显而易见,问题不在于,我们认为地球是绕它的轴转动,还是它处于静止而天体绕它转动。在几何学上,这些是地球和天体相

互之间相对运动的严格相同的实例。只是第一个描述在天文学上　77
更方便和更简单而已。

　　但是,如果我们认为地球处于静止而其他天体绕它转动,那么
就不存在地球变扁平,也没有傅科(Foucault)实验等等,至少按照
我们通常的惯性定律概念是这样。现在,人们能够以两种方式解
决困难:或者所有的运动是绝对的,或者我们的惯性定律错误地表
达了。诺伊曼偏爱第一个假定,而我宁愿选择第二个假定。必须
如此构想惯性定律,使得严格相同的事物像起因于第一个假定那
样起因于第二个假定。由此将很明显,在它的表达中,必须把注意
给予宇宙的质量。

　　在通常的地球上的实例中,推断相对于塔顶或屋子角落的方
向和速度,就可以十分完好地回答我们的意图;在通常的天文学的
实例中,这个或那个恒星就足够了。但是,因为我们也能够选择其
他的屋子角落、尖顶或另外的恒星,所以很容易产生下述观点:我
们根本不需要这样的由以推断的点。不过,这是错误的;只要这样
的坐标系能够借助物体决定,那么它便具有价值。在这里,像在我
们处置时间的描述一样,我们陷入相同的错误。因为纸币不需要
用一张确定的纸币存放,所以我们不必认为根本不需要存放它。

　　事实上,上述坐标原点中的任何一个都可以回答我们的意图,　78
只要足够数目的物体相互之间保持固定的位置就行。但是,如果
我们希望在地震中应用惯性定律,那么地球上的参照点会在突然
倾斜时离开我们;由于确信它们的无用性,我们能够聚集在天上的
参照点之后。但是对于这些更好的参照点而言,只要恒星显示出
十分显著的运动,相同的事情便会发生。当不能漠视恒星位置彼

此之间的变化时,坐标系的制订便达到尽头。我们采取这个恒星还是那个恒星作为参照点,不再是不重要的了;我们也不再能够把这些坐标系相互还原。我们首先要问,我们必须选择哪一个恒星;而且,在这个实例中很容易看到,不能满不在乎地对待恒星,但是因为我们无法把参照点给予一个恒星,所以必须考虑一切恒星的影响。

在惯性定律的应用中,我们能够无视任何特定的物体,倘若我们足够地拥有相互之间是固定的其他物体的话。若塔倒塌了,这对我们来说无关紧要;我们有其他物体。如果只有天狼星像流星一样通过天空飞驰,那么它不会大大扰乱我们;其他恒星会在那里。但是,如果整个天空开始运动,恒星混乱地飞来飞去,那么惯性定律会变成什么样子呢?此刻,我们能够如何应用它?接着,能够如何表达它?只要具有足够的其他物体,我们没有查问一个物体;只要我们具有足够的其他纸币,我们也没有查问一张纸币。只是在宇宙碎裂的情况下,或者在破产的情况下,假如情况是这样,我们获悉,**一切**物体,它的每一份额,在惯性定律中都具有重要性;当存放纸币时,一切纸币都具有重要性,从而每一张都具有它的份额。

还有另一个例子:当受到瞬时的力偶作用时,自由落体如此运动,它的具有固定中心的中心椭球在平行于力偶平面的正切平面上无滑动地打滚。这是由于惯性的运动。在这里,物体相对于天体做十分奇怪的运动。现在,我们认为这些物体——没有它们人们不能摹写想象的运动——毫无影响地处于这种运动吗?当人们希望摹写属于最基本条件的现象时,人们必须明确地或含蓄地诉诸现象的因果联系,对此难道不是这样吗? 在我们的例子中,遥远的天体对加速度没有影响,但是它们对速度有影响。

现在,在用惯性定律决定方向和速度时,每一个质量具有什么份额? 凭靠我们的经验,无法给这个问题以确定的回答。我们仅仅知道,与最遥远的质量的份额相比,最邻近的质量的份额变为零。于是,我们能够完备地开列我们已知的事实,例如,倘若我们必须做出下述简单假定的话:所有物体以确定的方式与它们的质量成比例和与距离无关地或与距离成比例地作用,等等。另一个表达可以是:就物体相互之间如此遥远,以致它们彼此对加速度没有显著的贡献而言,所有的距离相互成比例地变化。 80

我将在另一个场合返回这个主题。

2.(参见边码第 30 页)也许我可以在这里提到,我试图借助排斥永恒运动原理就质量概念收获我的果实。我的关于这个主题的短文被波根多夫作为无用的东西退回了,当时他是《物理学和化学年鉴》(*Annalen der Physik und der Chemie*)的编者;在他退稿大约一年之后,该文后来在卡尔(Carl)的《参考资料》(*Repertorium*)①第四卷印行。这一拒绝也是我没有发表我的关于惯性定律研究的理由。要是我以如此简单和清楚的方式遭遇守旧派的物理学,那么我在更困难的问题上能够指望什么呢?《年鉴》常常包含关于托里拆利定理和对开端一瞥的谬误的篇幅——确实是用"物

---

① Ueber die Definition der Masse, *Repertorium für phisikalische Technik...*, Bd. IV, 1868, pp. 355 sqq.

理学的语言"写成的；但是，完全不是用那种晦涩难懂的语言写出的短文的内容，显然在公众的眼里会大大降低《年鉴》的价值。

下面是所述的短文的完备的再现：

论质量的定义

力学的基本命题既不完全是先验的，也不能完全借助经验来发现——因为无法做出充分数量的和充分精确的实验，这种状况导致对这种基本命题和概念的特别不精确的和特别不科学的处理。很少足够区分和明确陈述什么是先验的，什么是经验的和什么是假设。

现在，我们只能设想，对力学基本命题的科学阐述是这样的：人们把这些定理视为经验强加给我们的假设，人们此后表明这些假设的细节如何会导致与最佳确立的事实相矛盾。

在科学研究中，作为先验自明的，我们只能考虑因果律或充足理由律，而充足理由律仅仅是因果律的另一种形式。没有一个自然研究者怀疑，在相同的环境下总是导致相同的东西，或结果完全由原因决定。可能依然无法决定的是，因果律是基于强有力的归纳呢，还是在心理组织中有它的根据呢（因为在心理生活中，相同的环境也有相同的后果）。

在研究者的手中的充足理由律的重要性，被克劳修斯关于热力学的工作与基尔霍夫关于吸收和反射关联的研究证明了。借助这个定理，训练有素的研究者在他的思维中使自己习惯于与自然在它的作用中具有的相同的确定性；于是，本身不是非常明显的经验通过排除是矛盾的一切，足以发现与所说的经验相关的十分重要的定律。

现在，人们通常不十分谨慎地断言，命题是即时自明的。例如，往往把惯性定律陈述为这样的命题，仿佛它不需要经验证据。事实是，它只能从经验中成长出来。如果质量相互之间不给予加速度，比如说却给予依赖于距离的速度，那么就不可能存在惯性定律；但是，唯有经验告诉我们具有事物的这个状态还是那个状态。如果我们仅仅具有热的感觉，那么只会存在均等的速度（Ausgleichungsgeschwindigkeiten），它们与 82 温度差一道变为零。

人们能够谈论质量的运动："每一个原因的结果持续存在。"恰如正确地谈论相反的东西一样："中止原因便中止结果。"这只不过是语词的问题。若我们称合成速度是"结果"，则第一个命题为真；若我们称加速度为"结果"，则第二个命题为真。

人们也尝试先验地演绎力的平行四边形定理；但是，他们总是必须隐含地引入假定：力是相互独立的。然而，由此整个推导变成多余的。

现在，我将阐释我用一个例子谈论什么，并将表明我如何思考能够非常科学地发展的质量概念。在我看来似乎是，这个一般感到很美妙的概念的困难在于两个前提条件：(1)不适当地安排力学的头一批概念和定理，(2)不声不响地越过处于演绎基础的重要预设（presuppositions）。

通常人们定义 $m = \dfrac{p}{g}$，并再定义 $p = mg$。这或者是十分令人讨厌的循环，或者对人们来说必须构想力是"压力"。后者不能避免，倘若像习惯的那样，静力学先于动力学。在这种情况下，定义力的大小和方向的困难是众所周知的。

牛顿原理通常处于力学的开头，它这样写道："每一个作用都有一个相等的反作用：或者，两个物体之间的相互作用总是相等的，而指向相反。"（Actioni contrariam semper et aequalem esse reactionem：sive corporum duorum actiones in se mutuo semper esse aequales et in partes contrarias dirigi.）在这个原理中，"作用"（actio）再次是压力，或者该原理是完全不可理解的，除非我们已经具有力和质量的概念。但是，在今日的真正动学的（phoronomical）力学的开头，压力看来是十分奇怪的。不管怎样，能够避免这一点。

假如仅有一种类型的物质，那么充足理由律可以充分地使我们能够察觉，两个完全相似的物体只可能相互给予**相等**而**相反**的加速度。这是完全由原因决定的一个结果和唯一的结果。

现在，如果我们假定力的相互独立性，那么很容易产生下述结果。由 m 个物体 a 构成的物体 A，处在由 m' 个物体 a 构成的物体 B 面前。设 A 的加速度是 φ，B 的加速度是 φ'。于是，我们有 $\varphi : \varphi' = m' : m$。

如果我们说，若物体 A 包含 m 倍的物体 a，则它具有质量 m，那么这意味着加速度随质量变化。

要通过实验找到两个物体的质量比，让我们容许它们相互作用；当我们注意加速度的符号时，我们得到 $\dfrac{m}{m} = -\left(\dfrac{\varphi'}{\varphi}\right)$。

如果把一个物体看做是质量的单位，那么计算就能够给出另一个物体的质量。现在，没有什么东西妨碍我们把这个定义应用于两个不同物质的物体相互作用的实例。只是我们不能先验地知道，当我们顾及为比较起见而使用的其他物体和其他力时，我们是否没有得到一个质量的另外值。当发现 A 和 B 在化学上按照它们重量的比率 $a:b$ 组合，A 和 C 如此按照它们重量的比率 $a:c$ 组合时，还是预先不能知道 B 和 C 按照比率 $b:c$ 组合。只有经验能够教导我们，对第三个物体其行为像相等质量的两个物体，其相互之间的行为也将像相等质量一样。

若使一块金与一块铅相对，则充足理由律完全舍弃我们。我们甚至无法为预期相反的运动辩护：两个物体可能在相同的方向加速。于是，计算会导致负质量。

但是，对第三个物体其行为像相等质量的两个物体，相对于任何力它们相互之间的行为也像这样的，这是很可能的，因为相反的东西不会与迄今发现是正确的功（Kraft）守恒定律取得一致。

想象在绝对光滑的和绝对固定的圆环上可运动的三个物体 A、B 和 C（图 8）。物体以任何力相互作用。进而，一方面 A 和 B 二者，另一方面 A 和 C，相互之间的行为像相等的质量一样。于是，在 B 和 C 之间，相同的行为也必定有效。例

84

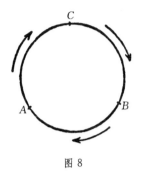

图 8

如,若 C 对 B 的行为像较大的质量对较小的质量的行为,而且我们给 B 以箭头方向的速度,则它通过碰撞把这个速度完全给予 A,A 又把它完全给予 C。于是,C 会把较大的速度传递给 B,并在某种程度上保持它自身。接着,随着在箭头方向的每一次旋转,圆环的活劲会减少;如果原初的运动处在与箭头方向相反的方向,那么会发生相反的情况。但是,这能够与迄今已知的事实处于突出的矛盾之中。

如果我们如此定义质量,那么没有什么东西妨碍我们保留作为质量和加速度之积的力的旧定义。于是,上面提及的牛顿定律变成纯粹的恒等式。

由于所有物体从地球接受相等的加速度,我们在这个力(它们的重量)中具有它们的质量的方便的量度,可是再次只是在两个假定的情况下:对地球其行为像相等质量的物体相互之间的行为也是如此,而且相对于每一个力也是这样。因而,在我看来,力学定理的下述安排似乎是最科学的。

经验定理——彼此相对相处的物体在它们连线方向的相反方向上相互传递加速度。惯性定律包括在这个经验定理内。

　　定义——相互传递相等而相反的加速度的物体,被说成具有相等的质量。我们通过用一个物体本身获得的加速度去除它给予我们把其他物体与之比较的,并选择作为单位的物体的加速度,我们便达到这个物体的质量值。

　　经验定理——当它们相对于其他力和另一个比较的物体被决定,而比较的物体的行为对于第一个物体相等的质量时,质量值依然不变。

　　经验定理——许多质量彼此传递的加速度是相互独立的。力的平行四边形定理包括在这个经验定理内。

　　定义——力是物体的质量值和传递给那个物体的加速度之积。

布拉格

1867 年 11 月 15 日

　　3.(参见边码第 47 页)所述的短文在 1871 年 2 月号的布拉格杂志《落拓斯》(*Lotos*)问世,不过它早在一年前写出。这是它的完备的再现:

　　正像众所周知的,对于一个简单的实例,热力学第二定律能够用方程

$$-\frac{Q}{T}+Q'\left(\frac{1}{T'}-\frac{1}{T}\right)=0$$

表达,这里 Q 表示在绝对温度 T 时转化为功的热量,Q' 表示

同时从较高的温度 T 下降到温度 T' 的热量。

现在,我们没有远离寻求观察:这个定理不限于热现象,而能够把它转移到其他现象,倘若我们提出在现象中起作用的无论什么势代替热量,提出势函数代替温度的话。于是,该定理可以这样表达:

如果处于势水平 V 的动因的某一势值 P 过渡到另一形式,例如,如果放电势转移为热,那么相同动因的另一势值 P' 同时从较高的势值 V 下降到势值 V'。而且,所说的值通过方程

$$-\frac{P}{V} + P'\left(\frac{1}{V'} - \frac{1}{V}\right) = 0$$

相关。

在该定理的应用中,仅有的问题是:必须把什么构想为势(作为力学功的等价物),什么是势函数。这在许多实例中是自明的,而且长期确立了,在另外的实例中能够很容易找到它。例如,如果我们希望把该定理应用于惰性质量的碰撞,那么很显然,可以把这些质量的活劲构想为势,把它们的速度构想为势函数。相等速度的质量不能把活劲相互传递——它们处在相同的势水平。

我必须把这些定理的发展留给另一个场合。

　　　　　　　　　　　　　　　　　　布拉格

　　　　　　　　　　　　　　　1870 年 2 月 16 日

4.(参见边码第 53 页)我们被引向这样的观点:我们不需要想

象在空间中的分子过程,至少在三维空间中不需要;导致的方式如下:

在 1862 年,我为医学人拟定了物理学纲要;在这个纲要中,因为我力求某种哲学满足,所以我严格贯彻了力学的原子理论。这本著作首次使我意识到这个理论的不充分性,这一点在该书的序言和结尾明确地得以表达,在那里我讲了我们的物理学基础的观点的全部革新。

在同时,我忙于心理物理学和赫尔巴特的论著,就这样我变得深信,对空间的直觉与感官组织密切相关,从而我们没有正当理由把空间性质归属于感官无法察觉的事物。在我的关于心理物理学的讲演[①]中,我已经清楚地陈述了,我们没有正当理由在空间思考原子。在我的听觉器官的理论[②]中,我在我的读者面前引入了一系列全音作为一维空间的类似物。同时,在这一记述中,赫尔巴特关于"可理解的"空间推导中的非常任意的和有缺点的维数限制震撼了我。此刻,对我来说,情况由此变得很清楚,就理解而言,像空间和任何维数的关系这样的关系是可思考的。

我用力学说明化学元素光谱的尝试和理论与经验的分歧增强了我的观点:我们不必在三维空间想象化学元素。可是,我没有冒险在权威的物理学家面前直言不讳地谈论这一点。我在 1863 年和 1864 年的施勒米尔希的《杂志》(Schlömilch's *Zeitschrift*)的短评,仅仅包含它的一点迹象。

---

① *Oesterr. Zeitschr. für praktische Heilkunde*, 1863.

② *Sitzber. der Wiener Akademie*, 1863.

在这本小册子中发展的关于空间和时间的所有观点,首次于1864 年夏季在我的力学讲演的课程中表达出来,并于 1864 年至1865 年冬季在我的生理物理学课程中加以讲解,大批听众以及格拉茨大学的许多教授参与了后一门课程。这些考虑的最重要的和最普遍的结果,由我以短文的形式发表在 1865 年和 1866 年的费希特的《哲学杂志》(Fichte's *Zeitschrift für Philosophie*)上。在这方面,完全缺乏外部激励,例如黎曼(Riemann)的论文,我一点也不知道这篇在 1867 年[①]首次发表的论文。

5.(参见边码第 55 页)在科学中,我们主要关心方便和节省思维;我从我作为一个教师开始工作时就坚持这种观点。物理学因其公式和势函数尤其适合于明确地把这个观点提到我的面前。转动惯量、中心椭球等等,仅仅是替代物的例子,我们借助这样的替代物可以方便地使我们自己节省对于单个质点的考虑。我也发现,在我的朋友、政治经济学家 E. 赫尔曼(E. Herrmann)的实例中,这一观点尤为明晰地得以发展。我从他那儿采纳了在我看来似乎是十分适宜的表达:"科学具有经济或节约的问题。"

6.(参见边码第 61 页)从我 1866 年在费希特的《哲学杂志》发表的关于空间表象(presentations)发展的文章[②]中,我容许我自己

---

① 黎曼的论著 *Ueber die Hypothesen,welche der Geometrie zu Grunde liegen* 是在 1854 年撰写并在小圈子宣读,在他去世后首次于 1867 年出版,并在他的 *Ges. Werke* 中重印。

② "Ueber die Entwicklung der Raumvorstellungen," Zeitschr. für Philosophie und philosophische Kritik,1866.

摘录以下段落：

现在，我认为，我们在空间表象的范围上还能够更进一步，从而达到我将称其全体为**物理空间**的表象。

在这里，批判我们的物质概念不可能是我的关注之点，实际上人们普遍感到这些概念的不充分性。我将使我的思想变清楚。于是，让我们想象不同状态能够在其内发生的物质背后（unter）的某种事物；为简单起见，比如说，在其中能够变得较大或较小的压力。

物理学长期忙于把两个物质粒子的相互作用即相互吸引（相反的加速度、相反的压力）表达为它们的相互距离的函数——因此是空间关系的函数。力是距离的函数。但是现在，物质粒子的空间关系实际上只能够借助它们相互施加的力来辨认。

于是，物理学首先并不力求物质各种片断的基本关系的发现，而是力求从其他已经给出的关系推导关系。现在，在我看来似乎是，在自然界中力的基本定律不需要包含物质片断的空间关系，而仅仅必须陈述物质片断的状态之间的依赖。

如果一旦已知在整个宇宙的物质部分的空间中的位置及其作为这些位置的函数的力，那么力学将能够完备地给出它们的运动，①也就是说，它能够使所有位置变得在任何时刻都可以找到，或者能够记下作为时间函数的所有位置。

---

① 　为此意图，也有必要了解在那个例子中的各个部分的速度。——英译者注

但是,当我们考虑宇宙时,时间意味着什么呢? 这个或那个"是时间的函数"意味着,它依赖于振动的摆的位置,依赖于转动的地球的位置等等。这样一来,"所有的位置是时间的函数"意味着,对宇宙而言,所有的位置相互依赖。

不过,由于物质部分在空间中的位置只能够用它们的状态来辨认,我们也能够说,物质部分的所有状态**相互依赖**。

因而,我记住的、同时自身包含时间的物理空间,无非是**现象的相互依赖**。能够了解这种基本依赖的完备的物理学,对空间和时间的特殊考虑不会有更多的需要,因为可能已经把这些最近的考虑包含在先前的知识中。

我关于耳朵的时间感觉的研究[①]包括下述段落:

物理学提出把每一个现象描述为时间的函数。摆的运动用作时间的量度。因而,物理学实际上把每一个现象表达为摆的长度的函数。我们可以注意到,比如说当把力描述为距离的函数时,这也会发生;因为力(加速度)的概念已经包含时间的概念。如果人们必须成功地把每一个现象——物理现象和心理现象——表达为摆的运动的函数的话,那么这只能证明,一切现象如此关联,以至于能够把它们中的任何一个现象描述为任何其他现象的函数。于是,在物理学中,时间是作为

---

① "Ueber den Zeitsinn des Ohres," *Sitzb. der Wien. Akad.*, 1865.

任何其他现象的函数的任何现象的可描述性。

现在,这种时间观点也在我的惯性定律的讨论中起作用。诺伊曼在他的惯性定律的讨论中似乎也倾向于这种观点。

7.(参见边码第63页)费希纳相信,他能够以下述方式使因果律与自由意志调和起来:

> 立即显而易见,我们的定律不顾它对于一切空间和一切时间、对于一切物质和一切精神能够结合在一起的事实,可是它在其本质上还是留下不充分决定性——实际上是能够想象的最大的东西。确实,就此可以说,如果相同的环境再次出现,那么相同的结果必定再次出现;若相同的环境不出现,则相同的结果必定不出现;但是,在它的表达中,不存在以任何途径在任何地点和针对任何环境决定第一个结果的方式,也 91 不存在决定头一批环境本身出现的方式。

更进一步,费希纳注意到,相同的环境从未再次出现,因此相同的结果也从未严格地出现。

关于第一点,把不确定性后移到创世的时刻,但是第二点在我看来似乎仅仅是不充分决定性的遁词。

引起我注意的不充分决定性本质上是不同的;它总是现存的,并直接通过消除空间和时间而源于因果律。

总的评论

我们很快学会了区分我们的表象和我们的感觉(感知)。现在,科学的问题能够分为三部分:

(1)确定表象的相关。这是心理学。

(2)发现感觉(感知)相关的定律。这是物理学。

(3)明确建立感觉和表象相关的定律。这是心理物理学。

如果我们认为相关的定律是数学的,那么这些定律的确立便预设它们包括的一切的可测量性。在此处,确实依然还存在许多所向往的东西。费希纳在他的《心理物理学》中甚至成功地测量了单个的感觉,但是就这种测量的意义而言可能存有疑虑。较大强度的感觉也总是具有另外的质,于是费希纳的测量与其说是心理的,毋宁说是物理的。不管怎样,这些困难原来不是不可逾越的。

第二版作者注释(1909 年)

(注释中页码为原书页码,本书边码)

关于第 19 页。在不同的意义上使用表达"力"造成的混乱,也在法拉第 1857 年的书信(*Phil. Mag.*,Ser. 4,Vol. XIII,p. 225[在论文"论力的守恒",也在 *Proc. Roy. Inst.*,February 27,1857])中表现出来。那个时代许多最著名的研究者都犯有相同的错误。[也可以参见 *Wärmelehre*,p. 206;以及关于像"功"和"能量"这样的术语使用的历史,参见 A. 福斯(A. Voss)的 *Encycl. Der math. Wiss.*,IV,1,1901,pp. 102~104;Mach,*Mechanics*,p. 499,note.]

关于第 28 页和第 75 页。对惯性定律疑问的详细处理在我的《力学》(*Mechanics*)[pp. 140~141,142~143,523~525,542~547,560~574]中,在那里注意到该课题的所有文献。我所知道的最近的重要工作是 J. 佩佐尔特(J. Petzoldt)的文章"绝对运动和相对运动的领域"("Die Gebiete der absoluten und der relativen Bewegung," Ostwald's *Annalen der Naturphilosophie*,VII,p. 29)。

关于第 29 页和第 80 页。在我的《力学》(*Mechanics*)中进一步发展[pp. 194~197,198~222,243,536~537,539~540,555~560]。

关于第 **35～37、47、85～86** 页。包括类似考虑——部分一致、部分密切相关——的出版物是我的《力学》(*Mechanics*)；约瑟夫·波佩尔的《电输送的物理原理》(Josef Popper, *Die physiklischen* Grundsätze der elektrischen Kraftübertragung, wien, Pest, leipzig, 1884)；黑尔姆的《能量学说》(Helm, *Die lehre von der Energie*, Leibzig, 1887)；弗龙斯基的《强度定律》(Wronsky, *Das Intensitätsgesetz*, Frankfurt, a. O., 1888)；马赫的"卡诺热定律的历史和批判"(Mach, "Geschichte und Kritik des Carnot'schen Wärmegesetzes," *Sitzb. der Wien. Akad.*, 1892) 和《热理论》(*Wärmelehre*)。尤其是关于第 85～86 页，这样的考虑在卡诺之后首次被措伊纳(Zeuner)的《力学的热理论的基本特征》(*Grundzüge der mechanischen Wärmetheorie*, Leipzig, 2, Aufl., 1866) 提到。在第 86 页的正文中，双重分解 $MV^2/2$ 和 $MV \cdot V/2$ 持续是可能的，为此缘故我保留了普遍的表达速度而不是速度的平方，就像奥斯特瓦尔德(Ostwald)后来所做的(*Berichte der kgl. Sächs. Gesellschaft zu Leipzig*, Bd. XLIV, 1892, pp. 217～218)那样。但是，我不久辨认出，势水平是纯量 $V^2/2$，而不能是矢量 V 或 $V/2$。我没有进一步谈论这一点，由于波佩尔已经就质量和数量之间的对应给予充分的阐述。这也是弗里德里希·沃尔夫冈·阿德勒(Friedrich Wolfgang Adler)的《关于奥斯特瓦尔德能量学中的形而上学的评语》(*Vierteljahrsschr. Für wiss. Philosophie und Soziologie*, Jahrg. 29, 1905, pp. 287～333)所做的。

关于第 **51～53** 页。在我看来，多维空间对物理学并不是如此基本。如果坚持认为像原子这样的思想的事物是必不可少的,进而如果也赞成工作假设(working hypotheses)的自由的话,那么我只会支持多维空间。

关于第 55 和第 88 页。在我的后来的论著中,我详尽地发展了思维经济原理(the principle of the economy of thought)。

关于第 57 页。我已经在《力学》(*Mechanics*)或《感觉的分析》中反复地表达了这样的思想:物理学的基础可以是热的或电的。这种思想似乎正在变为实际。 95

关于第 60～64 页和第 88～90 页。在这里,没有把空间和时间构想为独立的实体,而构想为现象相互依赖的形式。于是,我赞同相对性原理,我也在我的《力学》(*Mechanics*)和《热理论》(*Wärmelehre*)中坚决赞成它。参见《认识与谬误》中的"从物理学上考虑的时间和空间"("Zeit und Raum physikalisch betrachtet," in *Erkenntnis und Irrtum*, Leipzig, 1905 (2nd ed., 1906), pp. 434～448);闵可夫斯基(Minkowski)的《空间和时间》(*Raum und Zeit*, Leipzig, 1909)。

关于第 91 页。总的评论指明,我通过感觉生理学的研究达到的感觉论立场。在我的 1875 年的《运动感觉》(*Bewegungsempfindungen*)、《感觉的分析》(*Analysis of Sansations*)和《认识与谬误》(*Erkenntnis und Irrtum*)中得以进一步发展。我也清楚地在那里表明,许多物理学家对火星居民的物理学具有的神经质的、主观主义的理解,是完全没有根据的。

英译者注释

(注释中页码为原书页码,本书边码)

  关于第 15 页。当马赫还是十五岁的孩子时,康德的《导论》(*Prolegomena*)就对他施加了影响,参见 1897 年的《感觉的分析》(*Analysis of Sansations*)第 23 页的注释。

  关于第 17 页。在这一页,所提到的研究者不是基尔霍夫和亥姆霍兹,他们的著作在后来的时期问世(参见《力学》(*Mechanics*)第 x 页)。可是,许多人还是认为基尔霍夫是摹写物理学的先驱。参见马赫的讲演"论物理学中的比较原理",在《大众科学讲演》(*Popular Scientific Lectures*,1898)第 236~258 页。

  关于第 21 页。关于斯蒂文的工作,进一步参见《力学》(*Mechanics*)第 24~35、49~51、88~90、500~501、515~517 页;关于伽利略的落体定律的讨论,参见前书第 128~155、162~163、247~250、520~527、563~567 页和奥斯特瓦尔德的《精密科学的经典作家》(*Klassiker der exakten Wissenschaften*)第 24 卷第 18~20、57~59 页;关于惠更斯的振动中心的研究,参见《力学》(*Mechanics*)第 173~186 页;关于活劲原理,参见前书第 343~350 页;关于托里拆利定理,参见前书第 402~403 页;而且,关于虚速度原理,参见前书第 49~77 页;参见 A. 福斯在《数学科学百科全书》中的文章"理性力学原理"("Die Prinzipien der rationellen Mechanik," *Encycl. Der math. Wiss.*, IV, 1(1901), pp. 66～76);就该原理的各种证据的历史和批判的观点而言,参见 R. 林特(R. Lindt)的"虚速度原理"("Das Prinzip der Virtuellen Geschwimdigkeiten," *Abhdl. Zur Gesch. Der Math.*, Bd. XVIII, 1904, pp. 147～196)。[①]

关于第 34 页。参见奥斯特瓦尔德的《经典作家》第 167 卷,特别是在第 28 页的高斯论文的重印本。

在马赫的《力学》(*Mechanics*)第 350～364 页,在《数学百科全书》中福斯上面的文章第 84～87 页,以及在奥斯特瓦尔德的《经典作家》第 167 卷第 46～48、59～68 页的注释(我本人加注的)中,都讨论了高斯原理。

关于第 35 页。出自《热理论》(*Wärmelehre*):论卡诺原理及其发展,在第 211～237 页;论迈尔和焦耳原理,在第 238～268 页;论 W. 汤姆孙和克劳修斯统一该原理,特别在第 269～301 页。

能量原理的发展、意义等等的记述在《热理论》(*Wärmelehre*)第 315～346 页给出,这本质上与在《大众科学讲演》(*Popular Scientific Lectures*, 3d ed., Chicago, 1898, pp. 137～185)中的记述相同。也可以参见下面的第 51、94 页的注释。

关于第 51、94 页。论作为数学帮手的多维空间,参见《力学》(*Mechanics*)第 493～494 页。

在黎曼的《偏微分方程》(*partielle Differential-Gleichungen*)

---

① 也可分开作为就职学术演说。参见 E. 兰帕(E. Lampe)的 *Jahrb über die Fortschr. Der Math*, 1904, pp. 691～692.

97

的 W. 韦伯(W. Weber)版本①中,使用在 n 维空间中粒子的观念,
98　以便描述赫兹所谓的在日常空间中"系统的位置"的东西;"系统的
位置"是系统的点的位置的全体。

　　关于第 56 页。论碰撞和其他引力理论,参见 J. B. 斯特洛的
《现代物理学的概念和理论》(J. B. Stallo, *The Concepts and
Theories of Modern Physics*, 4th ed., London, 1900, pp. 52～
65, v～vi, vii, xxi～xxiv)。(最后的三个参考文献涉及"第二版
序言";尽管德译本是从英文第三版翻译的,但是序言没有包括在
汉斯·克莱因彼得(Hans Kleinpeter)这个译本中,该译本 1901 年
在莱比锡出版,其书名是《现代物理学的概念和理论》(*Die Be-
griffe und Theorieen der modernen Physik*)。这更加令人遗憾,
因为所提到的序言包含斯特洛关于因果律各种形式的观点的巨大
价值的一些迹象,这些观点与马赫的观点密切类似;参见下面。)

　　关于第 60、69、73 页。克拉克·麦克斯韦(*Matter and Mo-
tion*, London, edition of 1908, pp. 20～21)的"物理科学的普遍
基本原理"类似于费希纳的因果律。它写道:"一个事件和另一个
事件之间的差异并不取决于它们发生的时间或处所的差异,而仅
仅取决于所涉及的物体的本性、位形或运动的差异。"

　　关于在动力学中"因果性"的意义的问题,在伯特兰·罗素
(Bertrand Russell)的论《数学原理》(*The Principles of Mathe-*

---

　　①　*Partielle Differential-Gleichungen der mathematischen Physik. Nach Rie-
mann's Vorlesungen in vierter Auflage neu bearbeitet von Heinrich Weber*. Two vols.,
Braunschweig, 1900～1901. 所提到的段落出现在第一卷的第二部分。

matics, Vol. I, Cambridge, 1903, pp. 474～481)[1]的著作中讨论过。在第 478 页的句子:"一般而言,因果性是这样的原理:借助它能够从在充分数目的时刻的充分数目的事件推断在一个或多个新时刻的一个或多个事件。"

J. B.斯特洛简要地描述了因果律的各种形式,在前引书第 xxxvi～xli 页[2]中,不幸的是,在德译本中没有翻译这一讨论。

笔者("On Some Points in Foundation of Mathematical Physics,"("论数学物理学基础中的一些要点")*Monist*, Vol. XVIII, pp. 217～226, April, 1908)尝试以精密的数学方式——我们由于现代集论变得习惯于这种方式——系统论述马赫的因果性原理或其他一些物理学原理,并按这种探究顺序提出一些新的问题。[3] 我的信念正是,这种研究仅仅是一种方式,我们借以能够变得确信,我们用逐次逼近法对准的实在的图像在逻辑上是可以准许的;我的信念也是,只有用这种方式,我们才能在物理科学的基础上成功地精确阐述认识论问题并回答它们。[4] 在这里,我将给出这种方式的两个阐释。

关于"自然的可理解性"的公设,或者"在自然中理性过程"的

---

① 在第 482～488 页中讨论了牛顿运动定律。

② 参见 Stallo, op. cit., pp. 25～26.

③ 在这里应用的一些概念和结果包含在我的文章"On the General Theory of Function"("论广义函数论"), *Journ. Für Math.*, Bd. CXXVIII, 1905, pp. 169～210.

④ 参见我的文章"The Relevance of Mathematics"("数学的关联"), *Nature*, May 27, 1909, Vol. LXXX, pp. 282～384.

存在，在我看来①似乎可以进一步说明如下。在我们的科学摹写中，我们把要素（elements）（在马赫的意义上，参见下一个关于第61页的注释）表达为其他要素的函数，通过观察决定这些函数的特征——不管认为它们是、或者可以方便地认为它们是连续的、分析的还是另外的等等，然后纯粹逻辑地演绎事件进程的图像，自然的这种数学思想模型可以提供这一点。因而，如果时间的函数 $f(t)$ 是分析的，而且我们知道它在任何小的期间 $t_0\cdots\cdots t_1$ 的值，那么我们能够借助泰勒（Taylor）定理，以纯粹逻辑的样式，针对 t 的无论什么其他值演绎它的值。可以这么说，如果我们在这里处理的自然的那个方面不容许这种**借助逻辑的模拟**，那么我们就不能这样做；当我们谈论意指自然与我们的理性符合（conformity）的科学的存在时，这就是我意谓的东西。

其次，我将尝试说明属性自然的"符合"。困难在于发现下述基本原理的价值：相同的事件起因于相同条件的再现，即使相同的条件从来**绝**不出现。在我看来，解答似乎如下：相同的条件在我们周围的世界也许从来不出现，但是我们通过经验获悉，我们能够借助纯粹数学的构造或**模型**，十分接近地模拟自然的进程（在某些个别情况）。当然，用**这种**模型，我们能够像我们经常希望的那样精确地再现相似的环境。上面的定律确实适用于我们的模型；在模型中如此受到制约的事件近似地与观察到的自然事件一致，我以为，这就是当我们说自然是均匀的时候，我们意指的东西。在这

---

① 无论如何，罗素先生告诉我，按照他的见解，哲学家所谓的这个公设意味着"某种普遍得多、含糊得多的东西"——他也许是正确的。

里,争论的要点十分类似于以马赫和沃德(Ward)为一方、以罗素为另一方就牛顿旋转水桶恰当地讨论的要点(参见上面引用的我的文章,在《一元论者》第 221 页)。

从现代知识论的观点看,对因果性的意义和对马赫、斯特洛以及其他人的观点的进一步涉及如下:

关于马赫的质量观点和用函数概念代替因果性概念的观点的历史,参见《力学》(*Mechanics*)第 555～556 页。马赫具有最大哲学重要性的观点的结果,似乎是他对力学自然观的特征的揭露(参见上面的译本和《力学》(*Mechanics*)第 495～501 页)。詹姆斯·沃德(James Ward)在他的《自然主义和不可知论》(*Naturalism and Agnosticism*, 2nd ed., London, 1903, 2 vols)第一卷,详细讨论并驳斥了——在马赫的观念之后跟随的许多观点方面——这个理论。

斯特洛(前引书第 68～83 页)给出能量守恒学说进化的梗概,并表达了与马赫观点有关的观点。他这样说(出处同上,第 68～69 页):"在普遍的意义上,这个学说与人类理智的破晓是同一时期的。它无非是这样一个简单的原理的应用:无不能起源于无或归结于无。"而且,在第二版的序言中,他说(出处同上,第 xl～xli页):"但是,物理学家特别是数学家,由于下述情况而感到迷惑:不仅仅在思索任何经验归纳之前,就总是应用因果律……"

彭加勒(Poincaré)在他的著作《科学与假设》(*La Science et l'hypothèse*, Paris, 6th ed.)第 153～154 页和第 158～159 页关于能量守恒原理的几个评论具有认识论的性质。

也可参见汉斯·克莱因彼得的"关于恩斯特·马赫和海因里

希·赫兹的原则性的物理学观点"("Ueber Ernst Mach's und Heinrich Hertz's prinzipielle Auffassung der Physik," *Archiv für sistematische Philos.*, V, 1899, Helf 2)和"作为认识论批评家的 J. B. 斯特洛"("J. B. Stallo als Eekenntnisskritiker," *Vierteljahrsschr. für wiss. Philos.*, XXV, 1901, Heft 3)。

"符号论的物理学家"的观点——我们的思想与事物的关系和模型与它们描述的对象关系相同——的简明阐述①由路德维希·玻耳兹曼(Ludwig Boltzmann)在他的文章"模型"中给出,该文在《不列颠百科全书》新卷本(*Encyclopaedia Britannica*, Vol. XXX, 1902, pp. 788～791)。

关于第 61 页。在上面翻译的专题论文中,马赫用现象(Erscheinungen)表示他后来(*Contributions to the Analysis of Sensations*《对感觉的分析文稿》,Chicago, 1897, pp. 5, 11, 18)以"要素"这个较少形而上学的名称称呼的东西,由此避免了如此之多的哲学家掉进的词语陷阱(参见上面提及的我的文章,在《一元论者》,pp. 219～219, n. 6)。

关于第 64 页。约瑟夫·佩佐尔特从马赫 1872 年的考虑出发,发展了由其他事件唯一决定自然事件的原理。佩佐尔特的第一部著作的名字是《最大值、最小值和经济》(*Maxima, Minima und Ökonomie*),发表在 *Vierteljahrsschr. für wiss. Philos.*, XIV, 1890, pp. 206～239, 354～366, 417～422,也作为专题论文分开印刷(Altenburg, 19891)。在重印本第 12 页,佩佐尔特陈

---

① 我把这个观点称为**类型理智理论**(typonoetic theory)。

述,欧拉、哈密顿(Hamilton)和高斯(Gauss)的原理①只不过是自然事件被唯一地决定的经验事实的分析表达:本质之点不是最小值,而是这种唯一性(Einzigartigkeit)。佩佐尔特在他的论文"单值性定律"("Das Gesetz der Eindeutigkeit," *Vierteljahrsschr. für wiss. Philos.*, XIX, 1895, pp. 146~203)陈述了观点:一切事件的彻底决定性是全部科学的预设。

也可参见马赫在《力学》(*Mechanics*)第 552、558、562~563、571~572、575~577、580~581 页对佩佐尔特的提及;关于马赫对唯一性原理的使用和有关经济原理的进一步细节的进一步注释,参见《力学》(*Mechanics*)第 10、502~504 页和《热理论》第 324~327 页。

佩佐尔特的事件彻底唯一性(eindeutige Bestimmtheit)观点在他的《纯粹经验哲学引论》(*Einführung in die Philosophie der reinen Erjahrung*)②中得以说明——在第一部分阿芬那留斯哲学解释:

佩佐尔特用一些例子表明,无论何时存在若干可能的方

---

①　关于这些原理的一些主要专题论文的德译本、十分丰富的历史注释和现代的参考文献(现在的作者写的),请参见奥斯特瓦尔德的《经典作家》第 167 卷。

②　Erster Band: *die Bestimmtheitder Seele*, Leipzig, 1900. 本书的一个批判性的短评由 W. R. Boyce Gibson 在 *Mind*, N. S., IX, No. 35 (July, 1900)给出。在正文中的下述句子是从这个评论中引用的:

佩佐尔特坚持认为:(1)陈腐的因果性原理基于的事实,并未使我们有正当理由承认所发生的一切正好是唯一决定性(unideterminateness);(2)由于心理状态彼此之间是非唯一可决定的(non-unideterminable),使它们相互说明的尝试在科学上是难以想象的;(3)摆脱困难的唯一途径是接受阿芬那留斯意义上的心理物理平行论(psychophysical parallelism)学说。在心理生活的序列中,既不存在连续性、方向的单一性,也不存在唯一性。

104 式,比如说存在能够定向物体运动的方式,那条被选择的路线实际上具有如下三个唯一决定性(unideterminateness)的要素:(1)方向的单一性(singleness),(2)唯一性(uniqueness),(3)连续性(continuity);因为在满足这三个条件时,所有的不充分决定性(indeterminataness)都取自它的变化。第一个决定要素的意义仅仅是,就任何变化发生的向指而言,事实上不存在**实际的**模棱两可。热物体总是听任它们本身逐渐变冷;重物体总是听任它们本身下落而不是上升。第一个可想象的模棱两可是,大自然如此使自身安定下来。其次,大自然注意,物体相对于它们的 Bestmmungsmittel(决定媒质)或 media of determination(决定媒质)以这样的方式运动,以至于实际的运动方向本身由于它的唯一性不同于所有其他方向。仅仅是这种唯一性,把它的成为现实的权利、把它的先于其他可能的变化做出选择的权利给予实际的变化。这样一来,在水平面上自由运动的小球在直线方向从 A 通过 B 继续到达 C。可以想象它从 B 到 D,这里 BD 与 AB 不是同直线的;不过,虽然这条路线是可能的,但是却无法实现,因为它的实现包含模棱两可,因为此时不能给出选择 BD 方向先于对称方向 BE 的理由。在这个实例中,方向 BC 是唯一的、从而是不模棱两可的独一无二的方向。第三个要素即连续性要素,保证精确的定量决定的可能性。

　　对于每一个事件[例如佩佐尔特[①]],能够发现决定的手

---

① Op. cit., p. 39.

段,据此可以毫不含糊地决定事件;在这个意义上,以至于就对它的每一个偏离,由于假定通过相同的手段引起,因此至少能够找到彼此之间以相同的方式正在决定的哪一个事件可能是它的准确的等价物,并仿佛具有严格相同的成为现实的权利。

所谓"决定的手段",恰恰意指那些手段,例如质量、速度、温度、距离,我们用它们能够把握一个事件,因为借助它的唯一性可以从若干同样可想象的事件中把它挑选出来。事物的唯一决定性是下述二者:自然的事实,存在有秩序的宇宙而根本不是混沌的先验逻辑条件。我们的思想要求自然如此,而自然恒定地证明我们的要求是正当的。在一切事物的唯一决定性这样一个至高无上的事实中,心智找到它安宁的归宿。它是终极的事实;而且,当人们到达终极的事实时,人们不再能够询问为什么吗?

关于第 65 页。论阿基米德的杠杆定律的演绎,论平衡决定的**唯一性**,参见《力学》(*Mechanics*)第 8~11、13~14、18~19 页。

关于第 66 页。论伽利略、惠更斯和拉格朗日证明杠杆平衡定律所使用的十分相似的方法,参见《力学》(*Mechanics*)第 11~18 页。

关于第 76 页。有关诺伊曼 1870 年的文章,参阅马赫的《力学》(*Mechanics*)第 567~568 页;斯特洛的前引书第 196~200 页;罗素的前引书第 490~491 页;下述关于第 80 页的注释;以及 C. 诺伊曼的"所谓的绝对运动"("Ueber die sogenannte absolute Bewegung," *Festschrift, Ludwig Boltzmann gewidmet*..., Leipzig，1904，pp. 251～259）。

　　关于第 80 页。论位置和运动的相对性，参见斯特洛的前引书
第 133～138 页；马赫的《力学》（*Mechanics*）第 222～238、542～
547、567～573 页和 *Mechanik*（5. Aufl.，1904）第 257～263 页；
詹姆斯·沃德的前引书第一卷第 70～80 页；罗素的前引书第
489～493 页；以及在上面引用的我的文章的第 221 页。

　　普朗克在他的论文"相对性原理和力学的基本方程"（"Das
Prinzip der Relativität und die Grundgleichungen der mechanic，"
Verh. *Der Deutschen Phys*. *Ges*.，Vol. VIII，1906，pp. 136～
141）中，决定了力学基本方程的形式；如果相对性原理必定是普遍
有效的，那么这个形式必然代替通常的自由质点运动的牛顿方程。

　　关于第 80 页。至于马赫的质量定义，有趣的是发现，巴雷·
德圣韦南（Barré de Saint-Venant）在论文[1]中明确地注意到在处
理力学时"几何量"的使用：仅仅通过让空间和时间的组合参与而
不谈论"力"；他在这篇论文中宣布并应用了他独立于赫尔曼·格
拉斯曼[2]（Hermann Grassmann）的"外相乘"（outer multiplica-
tion）的发现。在定义中，他提供了对每一个物体作为常数的质
量，它是如此选择以满足他的"力学第二定律"

$$mF_{mm} + m'F_{m'm} = 0,$$

---

　　[1] "Mémoire sur les sommes et les différences géoméeriques, et sur leur usage
pour simplifier la mécanique," *Compt. Rend*.，T. XXI，1845，pp. 620～625. Cf.
Hermann Hankel, *Vorlesungen über die complexen Zahlen ihre Functionen*（I. Theil,
"Theorie der complexen Zahlensysteme)，Leipzig，1867，p. 140.

　　[2] *Ausdehnungslehre von* 1844. 关于在力学问题中使用哈密顿和格拉斯曼方法
的一些记述，参见 *Mechanics*，pp. 527～528，577～579.

他严格地具有与马赫相同的观点。

也可以参阅 H. 帕德(H. Padé, "Barré de Saint-Venant et les principes de la mécanique," *Rev. générale des science*, XV, 1904, pp. 761~767);他指出,在许多要点上,德圣韦南的观点与玻耳兹曼的观点一致。

最现代的动力学书籍的作者接受了马赫的定义;例如,季安·安托尼奥·马季(Gian Antonio Maggi)的《物体运动的原理和数学理论》(*Principii della teoria matematica del movimento dei corpi*, Milano, 1896, p. 150);A. E. H. 洛夫(A. E. H. Love)的《理论力学》(*Theoretical Mechanics*, Cambridge, 1897, p. 87);路德维希·玻耳兹曼的《力学原理讲义》(*Vorlesungen über die Principien der Mechanik*, I. Theil, Leipzig, 1897, p. 22)和彭加勒的《科学与假设》(*La science et l'hypothèse*, 6th thousand, Paris, p. 123),可是彭加勒没有提及马赫的名字。

有关对马赫的质量定义的批评,参见《力学》(*Mechanics*)第539~540、558~560页。

关于第 85~86、93~94 页。热和重力所做的功之间的这种类比在措伊纳的《力学的热理论的基本特征》(*Grundzüge der mechanischen Wärmetheorie*)第二版(1866 年)的评论之后,以"措伊纳类比"为人所知。参见格奥尔格·黑尔姆的《能量学及其历史发展》(*Die Energetik nach ihrer geschichtlichen Entwickelyng*, Leipzig, 1898, pp. 254~266)。

论"比较物理学"的主题——这就是说,基于类比的广泛的物理事实群的简明表达是在不同的物理学分支的概念之间观察到

的——参见马赫的《力学》(*Mechanics*)第 496～498、583 页;《热理

论》(*Wärmelehre*)第 117～119 页和 *Pop. Sci. Lect.* (1898), p.

108 250;[①]L. 玻耳兹曼在他翻译的麦克斯韦 1855 年和 1856 年论文

"论法拉第的力线"("On Faraday's Lines of Force," Ostwald's

Klassiker, Nr. 69, pp. 100～102)的注释;M. 彼得罗维奇(M.

Pétrovitchd)的《基于类比的现象的力学》(*La Mechanique des

Phénomiènes sur les analogies*, Paris, 1906);以及黑尔姆的前引

书第 253～266、322～366 页。

　　在我看来,情况似乎是,比较物理学的方法,特别是借助像格

拉斯曼、哈密顿和其他人的计算那么完好地适应于处理物理学概

念的计算时,能够为发现终极的物理学原理提供强有力的工具。

参见德圣韦南在前面的注释中提到的论文;M. 奥布赖恩(M.

O'Brien)的论文"论从有向数量的平移概念推导的符号形式"

("On Symbolic Form Derived from the Conception of the Trans-

lation of a Directed Magnitude," *Phil. Trans.*, Vol. CXLII,

1851, pp. 161～206);格拉斯曼在他的 *Ges. Werk*, Bd. II, 2,

Teil 中论述力学[②]的论文;以及麦克斯韦的《科学论文》中的"论物

理量的数学分类"("On the Mathematical Classification of Physi-

cal Quanties," *Scientific Papers*, vol. II, pp. 257～266)。也可

---

　　① 也可参见 Mach, "Die Ähnlichkeit und die Analogie als Leitmotiv der For-
schung"(Annalen der Naturphilosophia, Bd I, and *Erkenntnis und Irrtum*, Leipzig,
1906, pp. 220～231).

　　② 特别重要的是格拉斯曼的论文:"Die Mechanik und die Principien der Aush-
nungslehre," in *Math. Ann.*, XII. 1877.

参见麦克斯韦的《电磁专论》(*A Treatise on Electricity and Magnetism*, Oxford 1873, Vol. I, pp. 8～29)(《论拉格朗日动力学方程对于电现象的应用》,参见 Vol. II, pp. 184～194);W. K. 克利福德的《动力学的基本组成部分》第一编的"运动学"(*Elements of Dynamics*, Part I, "Kinematics," London, 1878);汉克尔(Hankel)的前引书第 114、118、126、129、132、133、134、135、137、140 页;以及格拉斯曼的《1844 年的膨胀理论》(*Ausdehnungslehre von 1844*,在好几处)。

与此相关,我们也可以给出下述参考文献:论能量原理,参见福斯的前引书第 104～107 页;论维里(Virial)和热力学第二定律, 109 出处同上第 107～109 页和《热理论》(*Wärmelehre*)第 364 页;论能量的定域(localization),参见福斯的前引书第 109～115 页;论用能量学处理力学,出处同上第 115～116 页,马赫的《力学》(*Mechanics*)第 585 页和《力学》(*Mechanik*, 5. Aufl. , 1904)第 405～406 页,马克斯·普朗克的《能量守恒原理》(*Das Prinzip der Erhaltung der Energie*, 2 Aufl. , Leipzig und Beilin)第 166～213 页,黑尔姆的前引书第 205～252 页。

关于第 88 页。如玻耳兹曼[①]评论的,思维经济原理的非常轻微的暗示包含在麦克斯韦(1855 年)的下述观察中:为了进一步发展电理论,我们首先必须简化较早研究的结果,并把它们引入我们理解力的容易接受的形式。

---

① Ostwald's *Klassiker*, Nr. 69, p. 100. 麦克斯韦的这篇论文的整个引言具有最大的认识论兴趣,因为它比他的任何其他论著更加清楚地陈述了被称之为物理学中的"符号的"观点的东西(出处同上,第 3～9、99～102 页)。

　　论科学各个分支中的思维经济原理,参见马赫的《力学》(*Mechanics*)第 x ～ xi、6、481 ～ 494、549、579 ～ 583 页;《热理论》(*Wärmelehre*)第 391～395 页;*Pop. Sci. Lect.* (1898), pp. 186～213;A. N. 怀特海 (A. N. Whitehead) 的《泛代数专论》(*A Treatuse on Universal Algebra*, Vol. I, Cambridge, 1898)第 4 页;以及上面提到的我在《自然》(*Nature*)的文章第 383 页。

　　论马赫形式的经济原理、简单性、连续性和类比,参见福斯的前引书第 20 页。

索　引

(下列数码为原书页码,本书边码)

中译者后记

 1871 年 11 月 15 日，时任布拉格大学物理学教授的马赫，在 K. 伯姆科学史学会发表讲演《功守恒定理的历史和根源》(*Die Geschichte und die Wurzel des Satzes von der Erhaltung der Arbeit*)，该讲演于翌年在布拉格出版。1909 年，在莱比锡（巴尔特）出版了第二版，正文内容没有丝毫改变，马赫仅仅添加了一个简短的序和几个注释。是年，菲利普·E. B. 乔丹(Philip E. B. Jourdain)按照德文第二版将其翻译为英文，英译本 1911 年由美国公开法庭出版公司出版。译者将书名译做《能量守恒原理的历史和根源》(*History and Root of the Principle of the Conservation of Energy*)，这是切合后来物理学用语实际的。马赫这本书的中译本译自英译本。与德文原著和英译本的出版年代相比，中译本的出版已是一百多年后的事情了——这在某种程度上折射出中西学术研究的现实差距。

 《能量守恒原理的历史和根源》是马赫的《力学及其发展的批判历史概论》(亦译《力学史评》)[①]的思想胚芽和雏形，反映了马赫

---

 ① 该书已由商务印书馆出版。参见马赫：《力学及其发展的批判历史概论》，李醒民译，北京：商务印书馆，2014 年第 1 版。

的早期观点和后来思想发展的线索。正如英译者乔丹所言:该书
"对科学学生和知识论(the theory of knowledge)学生二者都具
有重大的意义","对透彻理解马赫的工作也是须臾不可或缺
的"。① 确实,《能量守恒原理的历史和根源》预期了马赫在其他书
中的几乎所有思想,它使作者首次作为哲学家进入学术界。它既
包含一般能量学的要点、对自然科学和历史的一些事实的沉思,而
且也尽可能以概括的形式论述了马赫今后要继续探讨的科学哲学
课题:科学理论的意义和作用、生理学和感觉心理学对认识论的重
要性、思维经济原理、牛顿力学的缺陷、原子论的无结果、对古典的
因果关系的批判、物理还原论、力学自然观、物质论(唯物论)以及
一切形而上学的臆测形式。马赫这本书产生了一定的影响。普朗
克(M. Planck)在做博士论文前就读过这本书,内在论哲学家勒
克莱尔(A. Leclair)在 1879 年的著作中甚至称马赫的书是"革命
的"。② 特别值得注意的是,从本书的字里行间,我们不难看出马
赫作为启蒙哲学家和自由思想家清新的形象和簇新的风貌。

马赫在回答一位有着过分朴素要求的物理学家时说:

　　　　并非每一个物理学家都是认识论者,并非每一个人必须
　　　　是或能够是认识论者。专门研究要求完整的人,因而也要求
　　　　知识论。

---

　　① E. Mach, *History and Root of the Principle of the Conservation of Energy*,
Chicago, The Open Court Publishing Co., 1911, p. 5.

　　② J. T. Blackmore, *Ernst Mach: His Work, Life, and Influence*, University
of California Press, 1972, p. 116.

在马赫看来,"在工作假设指引下思维的物理学家,通常通过把理论与观察加以准确的比较,而充分地矫正他的概念,他们没有机会为知识心理学而烦恼自己。但是,不管谁希望批判知识论或就知识论教育其他人,就必须洞悉或深思它。"[1]因此,本书不仅对于认识论或知识论的研究者和爱好者来说是重要的,而且对于科学家、教育家和教师、学习科学的学生也是很有意义的,如果他们想做一个"完整的人"的话。

乔丹认为,马赫在本书的行文具有"新颖性、说服力和幽默感"。[2]爱因斯坦赞赏马赫的讲演和文字风格是"精粹的"、"格外引人入胜",使人"感到亲切愉快"。他深有体察和体悟地说:"在读马赫著作时,人们总会舒畅地领会到作者在并不费力地写下那些精辟的、恰如其分的话语时所一定感受到的那种愉快。但是他的著作之所以能吸引人一再去读,不仅是因为他的美好的风格给人以理智上的满足和愉快,而且还由于当他谈到人的一般问题时,在字里行间总闪烁着一种善良的、慈爱的和怀着希望的喜悦的精神。"[3]不信请看,马赫在本书中的下述段落,是多么简洁、多么精辟:

> 让我们不要松开历史引导之手。历史造就了一切;历史能够改变一切。但是,首先让我们从历史中期待一切,……

---

[1]　E. Mach, *History and Root of the Principle of the Conservation of Energy*, Chicago, The Open Court Publishing Co., 1911, p. 12.

[2]　同上,p. 8.

[3]　《爱因斯坦文集》第一卷,许良英等编译,北京:商务印书馆,2010 年第 1 版,第130、134 页。

自然科学的目标是现象的关联；但是，理论却像干枯的树叶一样，当它们长期不再是科学之树的呼吸器官时，它们便凋落了。[①]

作为一位哲人科学家[②]，马赫总是设法、而且能够把复杂的问题用深入浅出的话语讲得简简单单、明明白白。相形之下，在眼下的学术界，我们的许多学人和学子却与之截然相反。他们故作深沉，貌似玄奥，不仅存心而且刻意把简单的问题搅和得错综复杂，把明白的道理纠缠成一团乱麻，并以此作为能耐和资本，蛊惑于人，炫耀于世。几年前，我曾经写过一篇短文"莫把晦涩当高深"[③]，现不妨把它复制在这里：

　　　在当今的学术界，有那么一些学人，写起文章来，操起黑格尔式的晦涩腔调，摆弄海德格尔式的玄孬概念，把本来并不深奥的事理讲得诡谲莫测、玄之又玄，使读者如堕五里雾中，百思而不得其解，以此炫示自己才高八斗，卖弄自己学富五车。明眼人一看即知那是故弄玄虚，知情者早就料定其必是滥竽南郭无疑。这类人物之所以假以晦涩故作高深状，无非

---

　　① E. Mach, *History and Root of the Principle of the Conservation of Energy*, Chicago, The Open Court Publishing Co., 1911, p. 18, 74.

　　② 李醒民：论作为科学家的哲学家，长沙：《求索》，1990 年第 5 期，第 51～57 页。上海：《世界科学》以此文为基础，发表记者访谈录"哲人科学家研究问答——李醒民教授访谈录"，1993 年第 10 期，第 42～44 页。李醒民：哲人科学家：站在时代哲学思想的峰巅，北京：《自然辩证法通讯》，第 21 卷（1999 年），第 6 期，第 2～3 页。

　　③ 李醒民："莫把晦涩当高深"，上海：《社会科学报》，2010 年 6 月 10 日，第 5 版。

是欲藉此补苴罅漏,掩饰学问浅薄、江郎才尽,以便蒙人耳目,收取浮名虚誉而已。

这种愚弄人的伎俩并不高超,表演得也不高妙,甚或有点笨拙、窳劣,但是却颇能迷惑一些未入或初入学门的学子、赶时髦者和随大溜者。在这里,我要向愚弄者大喝一声:黔驴之技,可以休矣!我要劝说被愚弄者:剥开面具窥真相,莫把晦涩当高深!

英国科学哲学家波普尔可谓目光犀利,揭露假象确实一针见血。他无情批评黑格尔式的哲学传统培养了一批德国哲学家,径直指出这一传统有害于理智和批评性思维。他这样写道:神秘化形式的辩证法成为德国的时尚,晦涩难懂的文字是他们的共同特征。这种传统"用夸张的语言说明极其微不足道的事情,它在很大程度上已经成为不自觉的、公认的标准"。而且,这些哲学家竭力暗示:"我们拥有知识,它深奥得无法清晰、简单地表达;这才应该是我们的骄傲。"久而久之,便形成"对于不可理解性,对于'给人深刻印象的'和夸大的语言的崇拜"。不知道波普尔是否批评过德国哲学家海德格尔,反正他在批评其同胞和同好哈贝马斯时说:"他不知道如何把事情讲得简单、清楚、适度,而非给人深刻印象。在我看来,他所说的话大都是微不足道的。其余的似乎是错误的。"

其实,并非德国学界和学人都有黑格尔式的嗜好,同样是德国哲学家的尼采这位怪杰强调:"知识深奥者致力于明晰;当众故作深奥者致力于晦涩,因为众人以为凡见不到底的东西皆高深莫测,极不情愿涉水。"他甚至把简单性视为思想家的"本能":"他是思想家,这意味着:他善于简单地——比事物本身还要简单——对待事物。"德国哲人科学家亥姆霍兹1862年就尖锐批评"黑格尔体系要使其他一切学术都服从自己的非分妄想遭到唾弃",他的自然体系"乃是绝对的狂妄";黑格尔对物理学研究的代表牛顿的大肆攻击,是十足的"发疯"之举。爱因斯坦这位在德国文化氛围中成长起来的哲人科学家,也讥讽这种晦涩哲学和学术时尚是"辉煌的海市蜃楼式的""主观安慰物",是"用蜂蜜写成的"、"糨糊状的东西"。在这方面,中国的先哲老子早就言简意赅地表明:"大道至简"。

　　既然如此,那么有些学人为什么至今还迷恋晦涩,用不知所云——甚至连他自己也不明白——的文字写作呢?我觉得,使这些冬烘先生沉溺于晦涩,除了上面揭橥的装腔作势做派和欲盖弥彰遮羞这一主因外,也许还有另外两个重要原因。

　　一是这些人既没有能力、也没有耐心用明晰的概念和明快的语句,把事理讲清楚。表面看来,他们神气十足,气壮如牛,实际上却如山间竹笋,嘴尖皮厚腹中空。他们通常没有什么新颖思想;即使有点想法和意见,也是一团乱麻、一片混沌。他们写不出像样的文章,但是各种名目繁多的名利诱惑实在太大,迫使他们又不得不率尔操觚,仓促成文。于是,只好弯弯绕、绕弯弯,鹦鹉学舌一般模仿洋腔洋调,或胡诌一些"江湖黑话"或"帮派符咒",把文章写得云山雾罩,以蒙混过关,欺世盗名。他们没有心思厘清概念,没有耐心梳理思想,没有能力把问题论述得一目了然,因为这是要下苦功夫才能造就的,要下大力气才能做到的。由此也不难看出，这些人只不过是自欺欺人的冬烘先生而已。

二是这些人大都不是学自然科学出身的，其后也没有下功夫"脱毛"(补习科学)，欠缺科学素养。大凡科学家(尤其是哲人科学家)和有科学素养的人，都十分重视理性思维。他们思考问题和撰写文章时，概念明晰，条理清楚，逻辑严谨，格调清朗，力图把抽象观念阐释得尽可能明了，把复杂思想阐说得尽可能简单。像我着力研究过的哲人科学家马赫、彭加勒、迪昂、奥斯特瓦尔德、皮尔逊(他们是 20 世纪科学革命和哲学革命的先驱)和爱因斯坦(他是 20 世纪科学革命的主将和科学哲学的集大成者)，每每把深邃的科学理论和哲学见解讲解得那么明畅，那么易于让人领悟。相形之下，我们的冬烘先生却反其道而行之，仿佛故意与读者过不去，非把简单的事理搅和复杂不可，让你在概念的烂泥潭中迷迷糊糊，在文字的蜘蛛网中懵懵懂懂。说穿了，这只不过是缺乏科学理性和逻辑训练造成的恶果。

因此，我们要记住波普尔的建白："尽量教导我们自己在讲话时总要尽可能地简单、清晰、不装腔作势，像避免鼠疫一样避免这样一种暗示，即我们拥有知识，它深奥得无法清晰、简单地表达；这才应该是我们的骄傲。"我们要像波普尔建议的那样："人们必须训练自己用清楚简单的语言写作和讲话。对每一种思想的简洁陈述都应当尽可能清楚简单。只有下苦功夫才能做到这一点。"特别是让今日的学子、未来的学人了解他的告诫："提防那种广泛流传的观念，即人们上大学为的是学会如何用'给人深刻印象的'、难以理解的语言讲话和写作。当时许多学生怀着这样的目的上大学。他们不自觉地认为非常晦涩难懂的语言具有杰出的理智价值,并不自觉地接受了这一点。甚至几乎没有希望会使他们明白他们是错误的,几乎没有希望会使他们认识到还有其他标准和价值观——诸如真理,寻求真理,通过批评性的消除错误来接近真理和清晰性等价值观。他们也不会发现'给人深刻印象'而晦涩难解这一标准实际上与真理的和理性批评的标准相抵触。因为后面这些价值观依赖于清晰性。除非对它的表达充分地清晰,否则人们不能区别真理与假理,不能区别对于一个问题的适当的回答与不适当的回答,不能区别良好的观念与陈腐的观念,不能对一些观念进行批评性的评价。因此出现了对于不可理解性,对于'给人深刻印象的'和夸大的语言的崇拜。"

与马赫同属批判学派①的迪昂毫不留情地批判把晦涩含糊与深刻混淆起来的恶习,他大张旗鼓地倡导论述的明晰性:"明晰!在我年轻时,我多么经常地听见人们取笑它呀!在被德国人的威望蒙蔽双眼的大师的影响下,我们开始心理失常,把晦涩含糊与深刻混淆起来。我们拿布瓦洛的诗句开玩笑:'是精心构思的东西,

---

① 李醒民:论批判学派,长春:《社会科学战线》,1991年第1期,第99~107页。李醒民:关于"批判学派"的由来和研究,北京:《自然辩证法通讯》,第5卷(2003),第1期,第100~106页。李醒民:批判学派科学哲学的后现代意向,北京:《北京行政学院学报》,2005年第2期,第79~84页。

显然是能够表达清晰的。'"他斩钉截铁地表示：

　　　人们要求就含糊的事物晦涩地讲的权利。不！一千倍
　　不！除了阐明它，没有权利谈及模糊的事物。如果你们的冗
　　词赘句的唯一效果必定进一步混淆事物，那么请闭嘴！
　　　法国学生们，谨防那些使你们习惯于混乱思考的人。由
　　于总是在黑暗中猎食，猫头鹰最终在大白天无法看见。由于
　　在德国人的迷雾中持续不断地思索，一些人变得不能理解哪
　　一个是清晰的。帕斯卡说："真理使我们太惊讶了。我知道，
　　一些人不能理解四减四得零。"逃避这些智力的猫头鹰，他们
　　可能希望你们变得像他们那样眩惑。使你们的眼睛习惯于直
　　视真理的光辉吧。在一切情况下，我恳求你们成为明晰性的
　　毫不妥协的捍卫者。当你们碰到这些满足于生活在迷惑和混
　　乱之中的哲学家或物理学家之一时，不容许他自称思想深刻。
　　摘除掩盖他的无知和心智呆滞怠惰的面具。仅仅对他说："我
　　的朋友，如果你没有成功地使我们理解你正在谈论什么，那是
　　因为你自己根本不理解它。"
　　　成为明晰性的捍卫者吧。①

其实，人同此心，心同此理，寰宇皆然。清人郑板桥题书斋联云：
"删繁就简三秋树，领异标新二月花。"其上联倡言以最简明、最精

---

　　① 　P. Duhem, *German Science*, Translated from the French by J. Lyon, Open
Court Publishing Company, La Salle Illinois, U. S. A., 1981, pp. 73～74.

练的笔墨表达最丰富、最深邃的内容,以简为优,以少胜多。下联昌言标新立异,自辟新路,独领风骚,创造出与众不同的新格调、新作品。让我们牢记这些中西人士的告诫,删繁就简,追求明晰吧。

从中华人民共和国退休证所署的日期 2009 年 7 月 1 日算起,我正式退休马上就整整五年了。五年的实践表明,我生活得自由、舒坦,工作得惬意、幽趣——而且在学术研究方面更上一层楼。五年期间,我翻译了六本书;撰写了八十五篇论文和文章,绝大多数已经发表;其中的论文形成两本专著《科学与人文》、《科学与伦理》,将于年内出版;另外,还编辑了两三本自选文集,或可望近期出版。在退休之后,我诗意地栖居在自己的精神家园,尽情享受人生的自由和潇洒,切身感受和体悟只可意会、不可言传的孤独之乐和宁静之美。① 写到此处,我心安神泰,然意犹未惬。在结束中译者后记时,我愿迻录这个时期的诗作三首于下,以收淡泊明志、宁静致远之效:

狂欢之中旧岁辞,学丰憩圆两相宜。
逝川依依多幽趣,翘望来年龙马驰。
　　——《辞旧迎新》(2010－12－28)

不时晨练小龙山,极目四顾美景环。
远望碧山舞雾霭,近察绿树醉清潭。

---

① 李醒民:自由思想者诗意的栖居和孤独的美,北京:《光明日报》,2011 年 6 月 14 日,第 11 版。李醒民:享受孤独,诗意栖居——马赫《力学及其发展的批判历史概论》中译者后记,广州:《南方周末》,2013 年 4 月 18 日,第 24 版。

群鸟竞翔天有意，野花怒放地无惭。

此生幸偶福乡地，颐养天年乐酣然。

　　　　——《小龙山》(2011－7－16)

一年一年又一年，年年不同有华篇。

尤喜瓶钵岁岁在，任是神仙亦垂涎。

　　　　——《新年断想》(2014－1－1)

　　　　　　　　　　　　　　　　李醒民

　　　2014 年 6 月 25 日记于北京西山之畔"侵山抱月堂"

图书在版编目(CIP)数据

能量守恒原理的历史和根源/(奥)马赫著;李醒民
译.—北京:商务印书馆,2015(2023.9重印)
ISBN 978-7-100-11492-9

Ⅰ.①能… Ⅱ.①马…②李… Ⅲ.①能量守恒—
研究 Ⅳ.①O31

中国版本图书馆 CIP 数据核字(2015)第 186590 号

能量守恒原理的历史和根源

〔奥〕恩斯特·马赫 著

李醒民 译

商 务 印 书 馆 出 版
(北京王府井大街 36 号 邮政编码 100710)
商 务 印 书 馆 发 行
北京艺辉伊航图文有限公司印刷
ISBN 978-7-100-11492-9

2015 年 11 月第 1 版　　　　开本 850×1168 1/32
2023 年 9 月北京第 3 次印刷　　印张 4⅜ 插页 2

定价:32.00 元